国家示范校建设计算机系列规划教材

编委会

国家示范校建设计算机系列规划教材

服务器管理与维护

主　编　徐务棠
副主编　曾　文　梁国文　陈国明
参　编　肖志舟　梁庆枫

暨南大学出版社
JINAN UNIVERSITY PRESS

中国·广州

图书在版编目（CIP）数据

服务器管理与维护/徐务棠主编．—广州：暨南大学出版社，2014.5（2022.7 重印）
（国家示范校建设计算机系列规划教材）
ISBN 978－7－5668－0969－8

Ⅰ.①服…　Ⅱ.①徐…　Ⅲ.①网络服务器—高等学校—教材　Ⅳ.①TP368.5

中国版本图书馆 CIP 数据核字（2014）第 055048 号

服务器管理与维护
FUWUQI GUANLI YU WEIHU
主　编：徐务棠

出 版 人：张晋升
责任编辑：曾鑫华　王碧凤
责任校对：梁嘉韵
责任印制：周一丹　郑玉婷

出版发行：暨南大学出版社（511443）
电　　话：总编室（8620）37332601
营销部（8620）37332680　37332681　37332682　37332683
传　　真：（8620）37332660（办公室）　37332684（营销部）
网　　址：http：//www.jnupress.com
排　　版：广州市天河星辰文化发展部照排中心
印　　刷：广东广州日报传媒股份有限公司印务分公司
开　　本：787mm×1092mm　1/16
印　　张：7.25
字　　数：118 千
版　　次：2014 年 5 月第 1 版
印　　次：2022 年 7 月第 2 次
定　　价：24.00 元

总　序

当前，提高教育教学质量已成为我国职业教育的核心问题，而教育教学质量的提高与中职学校内部的诸多因素有关，如办学理念、师资水平、课程体系、实践条件、生源质量以及教学评价等等。在这些影响因素中，无论从教学理论还是从教育实践来看，课程都是一个非常重要的因素。课程作为学校向学生提供教育教学服务的产品，不但对教学质量起着关键作用，而且也决定着学校核心竞争力和可持续发展能力。

“国家中等职业教育改革发展示范学校建设计划”的启动，标志着我国职业教育进入了一个前所未有的重要的改革阶段，课程建设与教学改革再次成为中职学校建设和发展的核心工作。广州市轻工高级技工学校作为“国家中等职业教育改革发展示范学校建设计划”的第二批立项建设单位，在“校企双制、工学结合”理念的指导下，经过两年的大胆探索与尝试，其重点专业的核心课程从教学模式到教学方法、从内容选择到评价方式等都发生了重大的变革；在一定程度上解决了长期以来困扰职业教育的两个重要问题，即课程设置、教学内容与企业需求相脱离，教学模式、教学方法与学生能力相脱离的问题；特别是在课程体系重构、教学内容改革、教材设计与编写等方面取得了可喜的成果。

广州市轻工高级技工学校计算机网络技术专业是国家示范性重点建设专业，采用目前先进的职业教育课程开发技术——工作过程导向的“典型工作任务分析法”（BAG）和“实践专家访谈会”（EXWOWO），通过整体化的职业资格研究，按照“从初学者到专家”的职业成长的逻辑规律，重新构建了学习领域模式的专业核心课程体系。在此基础上，将若干学习领域课程作为试点，开展了工学结合一体化课程实施的探索，设计并编写了用于帮助学生自主学习的学习材料——工作页。工作页作为学习领域课程教学实施中学生所使用的主要材料，能有效地帮助学生完成学习任务，实现了学习内容与职业工作的成功对接，使工学结合的理论实践一体化教学成为可能。

同时，丛书所承载的编写理念与思路、体例与架构、技术与方法，希望能为我国职业学校的课程与教学改革以及教材建设提供可供借鉴的思路与范式，起到一定的示范作用！

编委会

2014 年 3 月

目　录

学习情境一

家庭服务器装配

情境描述◎

近年越来越多人开始使用 HTPC，由于 HTPC 需要存放较多的媒体文件，因此需要不断地增加存储空间，但用户在使用时仍然会感觉存储空间的缺乏，管理困难。

小明在 2 年前购置了一台 HTPC，但不慎摔坏了一块活动硬盘，损失了 500GB 的数据，越发感觉采用裸盘或活动硬盘盒的方式存储数据是非常不可取的。这几年各类照片、视频也有几百 GB 了，靠刻录 DVD 的方式来保存，既不安全，也不方便查询，必须考虑构建一个自己的家庭网络存储中心，才能彻底解决目前的存储矛盾。要求：

1. 能根据小明的需求进行服务器硬件及系统的选型；
2. 正确安装合适的操作系统，并对系统进行合理的设置；
3. 组建网络存储服务；
4. 组建家庭媒体服务；
5. 通过 PC 及移动平台能对家庭服务器进行访问；
6. 通过互联网的接入，能在异地对服务器进行管理；
7. 通过互联网的接入，能在异地访问家庭服务器的资源。

第一部分　计划与实施

学习活动一　服务器硬件构成及选型

1. 小组进行讨论，确定并列出配置服务器的标准和要求（可适当增加）。

参考项	要求	备注
硬盘		
数据冗余		
布网方式		
扩展性		
价格		

2. 请讨论并写出该家庭服务器硬件有什么优势。

____

____

____

____

3. 根据小组列出的要求，进行服务器硬件的选型。

家庭服务器硬件参数表			
处理器			
CPU 品牌		CPU 型号	
CPU 主频		二级缓存	

（续上表）

家庭服务器硬件参数表			
核心代号		核心数	
制程工艺		总线速度	
主板、内存			
扩展插槽		USB 接口	
内存容量		内存类型	
存储设备			
硬盘容量		硬盘类型	
硬盘速度		光驱类型	
视频、音频			
显卡类型		显示芯片	
显存容量		显示器	
声卡			
网络			
以太网卡		速率	
接口数量			
参考价格			

4. 以小组形式进行讨论，在上述参数中哪些参数在家庭服务器中较为重要，并说出原因。

____

____

____

____

学习活动二　服务器系统的选型与安装

1. 根据学习背景描述，构建一个自己的家庭网络服务器，选择合适的操作系统并填写下表。

序号	操作系统名称	选择该操作系统的原因
1		
2		
3		
4		

2. 各小组介绍候选的操作系统的优点及不足，讨论并确定需要使用的操作系统。

操作系统名称	操作系统实现的功能	
	1	
	2	
	3	
	4	
	5	
	6	
	7	
	8	

3. 完成 Windows Server 操作系统的安装，并回答以下问题。

（1）驱动程序加载完成以后，根据提示，应插入什么安装光盘？

(2) 如下图所示，应选择安装哪种操作系统？请说出各种版本的区别。

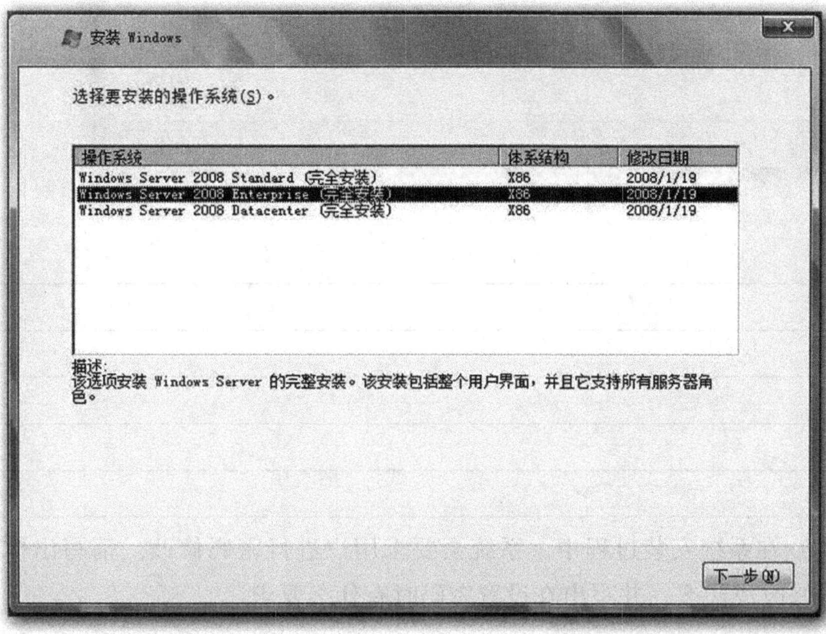

(3) 现有两个500GB的硬盘，根据上述背景需求应如何对该硬盘进行合理的分区？请对操作过程进行录屏。

(4) 如下图所示，在分区过程中发现分区错误，应如何将错误的分区删除并继续安装？

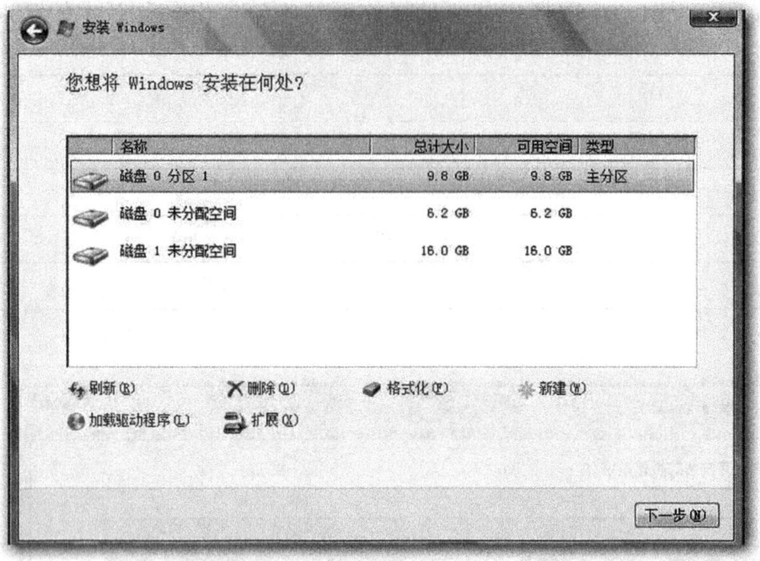

（5）在系统安装过程中，系统会要求用户进行密码修改。请写出你需要将密码修改成什么？并写出在设置密码时有什么要求。

4. 各小组请根据上述内容进行系统基本配置的施工，并填写施工日志。

施 工 日 志

日期：________年____月____日　　　　　　　　　　天气：________

星期：________　　　　　　　　　　　　　　　　　气温：________

<table>
<tr><td colspan="2">项目名称</td><td colspan="3"></td></tr>
<tr><td colspan="2">施工人员</td><td colspan="3"></td></tr>
<tr><td colspan="2">工作内容及完成情况</td><td colspan="3">一、施工情况（施工地点）：
学校　　　　室　　　　号机柜
二、完成情况（分点填写及完成情况截图）：
三、存在问题及解决办法：</td></tr>
<tr><td colspan="2">形象进度</td><td colspan="2">自本日开始的施工内容：</td><td>至本日结束的施工内容：</td></tr>
<tr><td colspan="2">下一步工作计划</td><td colspan="3"></td></tr>
<tr><td colspan="2">补充说明</td><td colspan="3"></td></tr>
<tr><td colspan="2">现场实施</td><td>日期：</td><td>项目负责人</td><td>日期：</td></tr>
</table>

学习活动三　Windows Server 操作系统个性化设置

1. 在完成服务器系统安装后，应对系统进行必要的个性化基础设置。请以学习材料及互联网为参考，写出需要对服务器系统设置的内容。

序号	设置内容	参考材料及网址

2. 根据下列任务要求进行服务器基本设置，并填写施工日志。

（1）根据上述讨论内容进行设置。

（2）在学习资料中了解 Domain 的作用，并在 Windows Server 2012 中建立 Domain。

（3）系统桌面上的 Dashboard 这个小工具会一步步地助你做好这台机的设定（建议首先到 Windows Update 把补丁都补上），完成的工作会在这个 Dashboard 选项上打勾。

（4）建立三个用户账号（安装过程中已经建立了两个账号）。

（5）设定用户账号能读取哪些媒体文件夹和权限（这些文件夹你是可以再自行增加的）。

施　工　日　志

日期：________年____月____日　　　　天气：________

星期：________　　　　　　　　　　气温：________

<table>
<tr><td>项目名称</td><td colspan="4"></td></tr>
<tr><td>施工人员</td><td colspan="4"></td></tr>
<tr><td>工作内容及完成情况</td><td colspan="4">一、施工情况（施工地点）：
学校　　　　室　　　　号机柜
二、完成情况（分点填写及完成情况截图）：
三、存在问题及解决办法：</td></tr>
<tr><td>形象进度</td><td colspan="2">自本日开始的施工内容：</td><td colspan="2">至本日结束的施工内容：</td></tr>
<tr><td>下一步工作计划</td><td colspan="4"></td></tr>
<tr><td>补充说明</td><td colspan="4"></td></tr>
<tr><td>现场实施</td><td>日期：</td><td>项目负责人</td><td colspan="2">日期：</td></tr>
</table>

学习活动四　网络存储服务和家庭媒体服务的组建

根据小明的要求，现需要对家庭服务器组建网络存储服务和家庭媒体服务。根据学习资料及相关学习网站，对网络存储服务和家庭媒体服务进行了解，并完成下列工作任务。

1. 学习 Windows Server 2012 Essential 中以下内容（可在微软官方网站中进行搜索学习）。

学习内容	知识摘录（能实现什么功能）	学习情况
Anywhere Access		
Remote Web Access		
域名		
VPN		

2. 根据下列任务要求进行服务器基本设置，并填写施工日志。

（1）注册微软 Live ID。

（2）通过系统桌面上的 Dashboard 进行 Anywhere Access 设置（设定界面有几个选择，初次设定可以选 Configure）。

注意：①如果要启用 Anywhere Access，一定要有个域名。微软也提供免费的“remotewebaccess. com”域名，只要在过程中用 Live ID 简单注册就可以了。

②如果你自己已拥有一个域名，你可以选择“I want to use a domain name I already own”。

③如果你想用微软提供的“remotewebaccess. com”域名，就选择“I want to set up a new domain name”。

④如下图所示，在配置过程中注意因应个人需要选择 VPN 和 Remote Web Access。

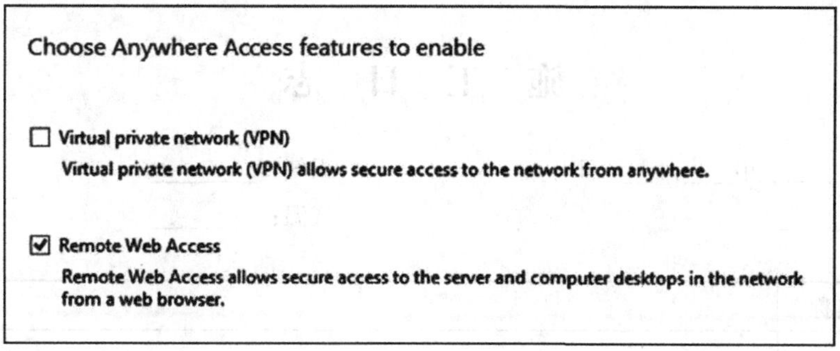

（3）在设定栏上有一个 Media 的页面，把 Media Server 的功能开启（如果你想把分享暂停也可以在此页面设置），设定登入后看影片时的品质，Media Library 可以控制将哪些媒体文件夹分享出来。

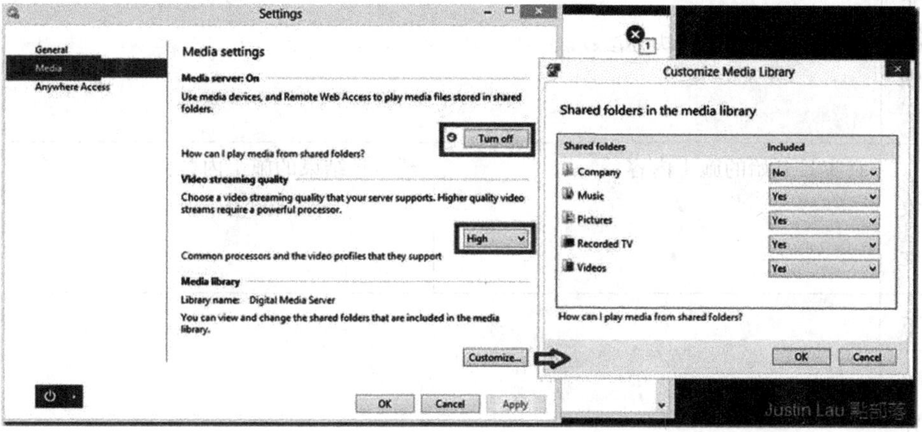

施　工　日　志

日期：________年____月____日　　　　　　天气：________

星期：________　　　　　　　　　　　　　气温：________

<table>
<tr><td colspan="2">项目名称</td><td colspan="4"></td></tr>
<tr><td colspan="2">施工人员</td><td colspan="4"></td></tr>
<tr><td colspan="2">工作内容及完成情况</td><td colspan="4">一、施工情况（施工地点）：
学校　　　室　　　号机柜
二、完成情况（分点填写及完成情况截图）：

三、存在问题及解决办法：</td></tr>
<tr><td colspan="2">形象进度</td><td colspan="2">自本日开始的施工内容：</td><td colspan="2">至本日结束的施工内容：</td></tr>
<tr><td colspan="2">下一步工作计划</td><td colspan="4"></td></tr>
<tr><td colspan="2">补充说明</td><td colspan="4"></td></tr>
<tr><td>现场实施</td><td colspan="2">日期：</td><td>项目负责人</td><td colspan="2">日期：</td></tr>
</table>

学习活动五　测试与验收

家庭服务器系统测试，通过任务提示进行测试，并填写施工记录及测试运行记录。

（1）通过 IP 或域名在浏览器进行登录，登录页如下图所示。

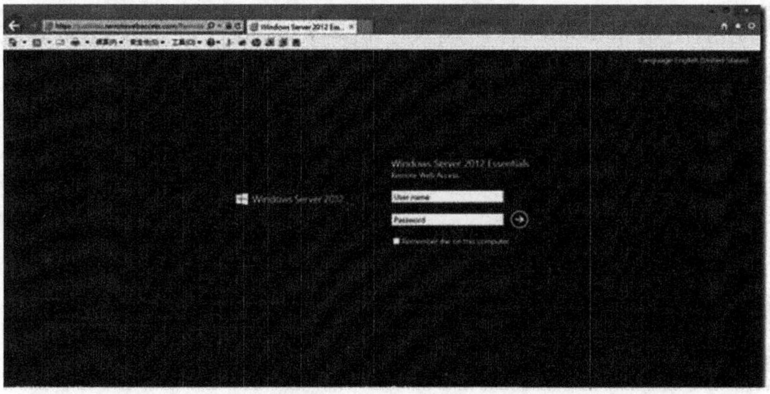

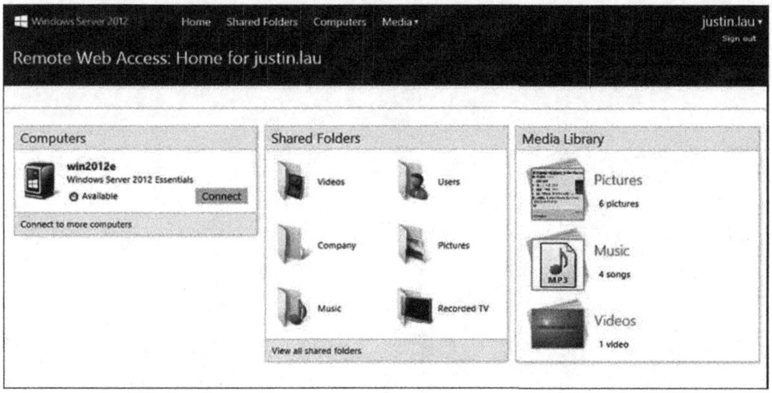

（2）如上图所示，登录后左边有一个“Connect”选项，可供连接其他 Windows 7、Windows 8 的客户端，使用 Windows 7 或 Windows 8 尝试进行连接。

（3）分别使用 Windows 客户端及手机客户端进行上传、下载到资料夹。

（4）分别使用 Windows 客户端及手机客户端进行音乐及视频播放，并通过标记星星个数来评分。

（5）合理使用相关软件进行测试，记录使用本系统进行文件上传下载、播放音乐和视频的网络使用率，并进行记录。同时分析使用 3G 网络进行播放是否能满足需求。

施　工　日　志

日期：________年____月____日　　　　天气：________

星期：________　　　　气温：________

<table>
<tr><td colspan="2">项目名称</td><td colspan="4"></td></tr>
<tr><td colspan="2">施工人员</td><td colspan="4"></td></tr>
<tr><td>工作内容及完成情况</td><td colspan="5">一、施工情况（施工地点）：
学校　　室　　号机柜
二、完成情况（分点填写及完成情况截图）：
三、存在问题及解决办法：</td></tr>
<tr><td>形象进度</td><td colspan="2">自本日开始的施工内容：</td><td colspan="3">至本日结束的施工内容：</td></tr>
<tr><td>下一步工作计划</td><td colspan="5"></td></tr>
<tr><td>补充说明</td><td colspan="5"></td></tr>
<tr><td colspan="2">现场实施</td><td>日期：</td><td>项目负责人</td><td colspan="2">日期：</td></tr>
</table>

________服务器测试报告

测试目的	上电后，检测设备自检状态；各服务器运行状态。		
场地	家庭服务器		
设备名			
步骤	1. 加电前，根据安装步骤检查各部件是否符合加电要求 2. 将开关置于 OFF，连接电缆 3. 开关置于 ON 4. 个人 PC 测试服务运行情况，文件存储服务、媒体服务测试 5. 移动平台测试服务运行情况，文件存储服务、媒体服务测试		
标准	指示灯显示正常 各模块指示灯正常 风扇运转正常 电源板开关正常 系统正常启动 服务器各服务启动正常 个人 PC 测试服务运行正常 移动终端测试服务运行正常		
结果：(pass/fail)	指示灯显示正常 (pass/fail) 各模块指示灯正常 (pass/fail) 风扇运转正常 (pass/fail) 电源板开关正常 (pass/fail) 系统正常启动 (pass/fail) 服务器各服务启动正常 (pass/fail) 个人 PC 测试服务运行正常 (pass/fail) 移动终端测试服务运行正常 (pass/fail)		
时间			
项目经理：	日期：	用户代表：	日期：

第二部分　总结与反思

工作过程经验记录与总结

<table>
<tr><td>1. 笔记：

</td></tr>
<tr><td>2. 任务实施情况，请自我评价________
A. 非常好（91 ~ 100 分）　B. 比较好（81 ~ 90 分）　C. 一般（66 ~ 80 分）
D. 不太好（51 ~ 65 分）　E. 基本完成不了（50 分或以下）</td></tr>
<tr><td>3. 总结：
在这次的任务学习中，你遇到什么困难？在哪些方面需要进一步改进？

签名：　　　　完成日期：</td></tr>
</table>

学习情境二

社区医院服务器组建

学习目标◎

根据社区医院的规模以及实际应用需求，进行现场勘察，做出社区医院服务器组建方案并实施。通过本课业的学习，应该做到：

1. 能结合社区医院规模对客户网络需求信息进行收集；
2. 能在选配服务器硬件之余，会安装文件服务；
3. 能够说出 DHCP 的作用以及举例说明其原理，并会安装和正确使用；
4. 能够结合社区医院的实际使用情况，实现打印共享和协同办公；
5. 能够正确说出子网划分的原理以及举例说明子网划分；
6. 能够说出 Web 服务器的用途并正确搭建社区医院的 Web 服务器。

内容结构

1. 完成一台符合要求的社区医院服务器硬件选型方案；
2. 阅读相关硬件说明书、安装注意事项，准备好安装过程中需要使用的工具，按照安装硬件操作规程完成服务器的组装，要求最后通电测试启动成功并安装相应的服务器操作系统；
3. 根据社区医院的需要确定需要的应用服务并进行安装；
4. 系统测试与客户验收。

情境描述◎

在经济全球化、社会信息化的进程中，医院也已经进入了数字化和信息化的时代，大型的数字化医疗设备在医院中使用，各种医院管理信息系统和医疗临床信息系统正在普及。常见的系统包括医院信息系统 HIS（Hospital Information System）、实验室信息系统 LIS（Laboratory Information System）、医学影像存档与传输系统 PACS（Picture Archiving and Communication System）、临床信息系统 CIS（Clinical Information System）、电子病历 CPR（Computerized Patient Record）、社保系统等。考虑到樟木头人民医院现有的两台服务器将无法承担全院的业务量，为完善医院信息化建设，保证 HIS 系统、PACS 系统业务正常运行，现重新规划设计医院的信息化系统。

海珠区滨江街社区卫生服务中心创建于 1981 年，是一间以中医药为主、中西结合的专科医院，属国家医疗机构，连续五年被评为中医工作先进单位、文明医院称号，并已纳入市社会医疗保险定点单位。现需要实现全院一百余台计算机信息化、无纸化办公，文件服务、打印共享和协同办公等功能。

第一部分　学习准备

社区医院服务器配置应该如何选择？参考上一个学习情境和教材完成下表：

序号	分项名称	品牌型号	技术参数	数量	单价
1	HIS 服务器	HP ProLiant DL580G7	外形要求：4U 机架式； CPU 配置：2 个 Intel 6 核 Xeon E7-4807 处理器（1.86GHz，18MB 缓存，95W），可扩至四路处理器、Intel 7500 芯片组； 内存配置：32GB 内存； 网卡配置：集成 NC375i 四端口 1GbE 多功能网卡； 电源配置：2 个 1 200W 电源； 硬盘配置：3 块 300Gsas 硬盘； 其他要求：集成 iLO3 远程管理、内置 Smart Array P410i/1GB FBWC 阵列控制器带 DVD－RW。	2	61 800

（续上表）

序号	分项名称	品牌型号	技术参数	数量	单价
2	PACS 服务器				
3	中间层应用服务器				
4	HBA 卡				
5	San 光纤交换机				
6	His 磁盘阵列				
7	Pacs 磁盘阵列				
8	机柜等配件				
9	显示器及 KVM				
10	备份软件				

第二部分　计划与实施

学习活动一　安装文件服务

1. 文件服务的安装。

（1）文件服务器是 Windows Server 2008 系统集成的功能，利用______________即可安装并且可以同时安装分布式文件系统等功能。

（2）请写出文件服务安装的步骤有哪些，并将必要的安装步骤进行截图。

（3）在创建 DFS 命名空间时，如果当前计算机已有了与此命名空间相同的共享文件夹，则无法创建此命名空间，应如何避免此类情况？

（4）在文件服务安装过程中，“选择命名空间类型”对话框内的“基于域的命名空间”和“独立命名空间”有什么区别？

2. 设置共享文件与访问权限。

（1）要使文件服务器中的数据可以被其他用户访问，可以使用多种方法，但最简单的方法就是__________，并通过设置共享权限来控制____________。

（2）为了保护数据存储的安全，避免重要信息被人随意访问，通常为文件设置严格的__________ 权限，并与文件共享权限相结合。

（3）Windows Server 2008 提供了简单共享和高级共享两种方式，请对上述两种共享方式进行简单描述。

（4）将文件夹 Storge 设置为共享，允许 Administrator 账户具有完全控制权限，其他所有账户拥有只读访问权限，请对重要步骤进行截图，并写出在设置共享时的注意事项。

（5）如下图提示对话框所示，是什么原因导致该情况出现？

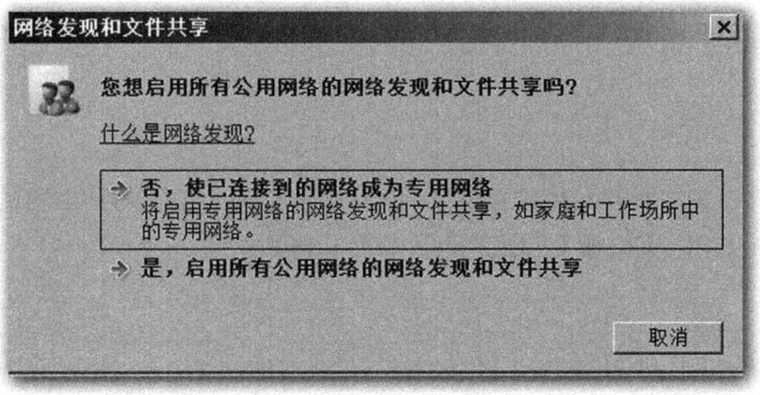

（6）将 Public 文件夹设置为共享，只允许用户账户 Administrator 和用户组 Coolpen 具有完全访问权限。请对重要步骤进行截图，并写出在设置共享时的注意事项。

（7）对 Storge 文件夹设置 NTFS 权限，写出简要步骤。

（8）默认情况下，所添加的账户都会自动继承父文件夹的权限。如果不想继承，应如何操作？请通过屏幕录像软件将操作步骤进行录屏，并进行相应解释。

（9）NTFS 是 Windows NT 开始引入的文件系统。借助于 NTFS，可以为文件或文件夹授权，控制用户账户对文件和文件夹的访问。请对下述 5 种 NTFS 文件权限类型进行解释。

①读取：________

②写入：________

③读取及运行：________

④修改：________

⑤完全控制：________

3. 磁盘配额与文件屏蔽。

无论使用文件共享还是 NTFS 权限，都只能控制用户的读写权限，而无法控制用户可以使用的磁盘空间大小。利用磁盘配额即可限制用户在服务器磁盘中的使用量，防止写入大量文件而浪费磁盘空间。同时，还可跟踪磁盘使用量的变化。

（1）磁盘配额的功能是监视每个用户情况，当用户使用的空间超过所指定的限额时，将________。

（2）磁盘配额主要用来________。

（3）请写出使用指定配额项，并注明具有哪些优点。

（4）现在将为服务器的 D 盘启用磁盘配额，设置 Administrator 组不限制配额，部分用户的磁盘空间限制为 2GB，其他用户使用默认限制 1GB。请通过屏幕录像软件将操作步骤进行录屏，并进行相应解释。

（5）为了避免用户浪费磁盘空间，通常应选中“________”复选框。

（6）当用户写入的文件超出配额限制时，将提示________________，拒绝用户将文件存储在服务器磁盘中，从而避免空间的浪费。

（7）如果文件服务器上划分了一部分空间，用来存储用户数据，那么，用户就可能会将任意文件上传到服务器。为了限制用户的使用，可以只允许用户将文档、报表等文件存储在服务器上，而不允许将音频、视频、可执行文件等存储到服务器。请写出一个文件屏蔽的方案，并进行相应操作录屏。

4. 配置 AD DFS。

（1）使用__________________________，管理员就可以把不同的计算机上的共享文件夹组织在一起，构建成一个目录树。

（2）DFS 可以提供______________和______________，将网络中的所有共享文件添加到一个 DFS 目录中，而且用户只需访问该 DFS 目录，即可看到所有的共享文件夹，无论这些共享资源位于网络的什么地方。

（3）在文件服务器上创建 DFS 根目录，并添加 DFS 映射。请通过屏幕录像软件将操作步骤进行录屏，并进行相应解释。

5. 访问共享文件。

（1）在客户端计算机上，访问共享服务器的地址格式为：____________

（2）如下图所示，打开“网络”窗口时，系统也会自动搜索网络并列出搜索到的计算机名，__________可打开并查看其中的共享文件。

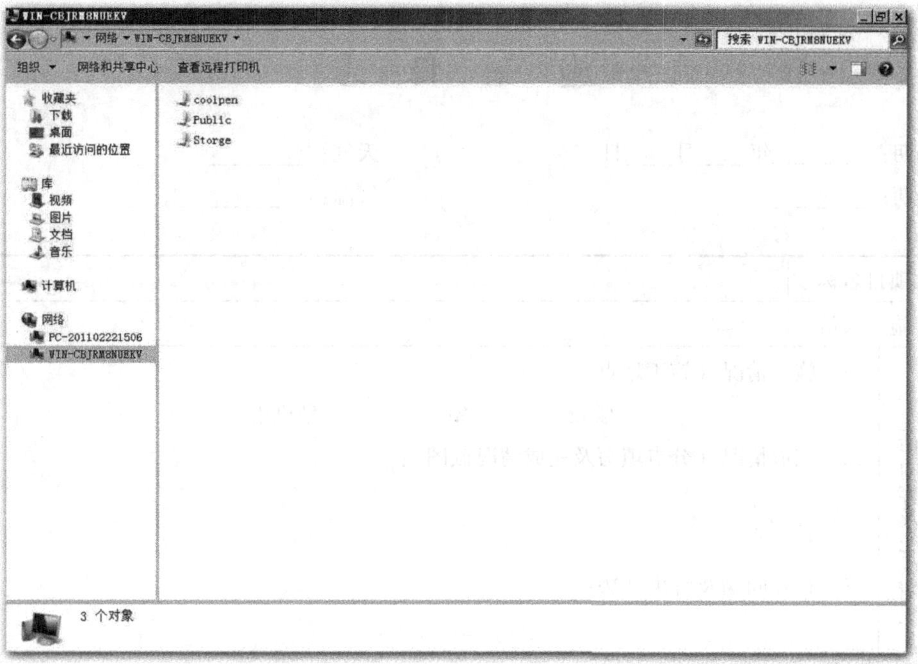

（3）为了以后再次访问，可将需要经常访问的共享文件夹映射为网络驱动器，应如何对服务器进行设置？

（4）如果用户使用笔记本电脑等移动设备，经常会与服务器断开，应如何解决这一问题？请通过屏幕录像软件将操作步骤进行录屏，并进行相应解释。

（5）各小组请根据上述内容进行系统基本配置的施工，并填写施工日志。

施　工　日　志

日期：________年____月____日　　　　　　　　天气：________

星期：________　　　　　　　　　　　　　　　　气温：________

<table>
<tr><td colspan="2">项目名称</td><td colspan="3"></td></tr>
<tr><td colspan="2">施工人员</td><td colspan="3"></td></tr>
<tr><td>工作内容及完成情况</td><td colspan="4">一、施工情况（施工地点）：
学校　　　　室　　　　号机柜
二、完成情况（分点填写及完成情况截图）：
三、存在问题及解决办法：</td></tr>
<tr><td>形象进度</td><td colspan="2">自本日开始的施工内容：</td><td colspan="2">至本日结束的施工内容：</td></tr>
<tr><td>下一步工作计划</td><td colspan="4"></td></tr>
<tr><td>补充说明</td><td colspan="4"></td></tr>
<tr><td colspan="2">现场实施</td><td>日期：</td><td>项目负责人</td><td>日期：</td></tr>
</table>

学习活动二　打印服务的安装与服务配置

一、拓扑结构

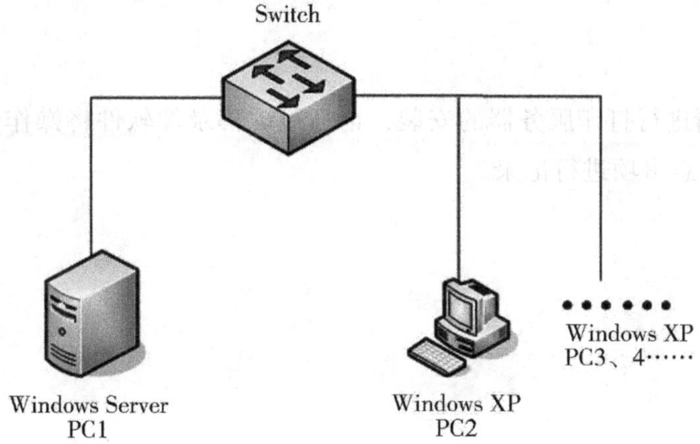

二、项目设备

计算机 1 台作为演示，其他同 PC 一样配置；二层交换机 1 台；网络线若干根；网络打印机 1 台；Windows Server 1 套。

三、操作步骤

1. 安装打印服务器。

（1）打印机分为哪几种类型？

（2）什么是网络接口打印机？

(3) 网络打印分为哪几种类型?

(4) 请进行打印服务器的安装，请通过屏幕录像软件将操作步骤进行录屏，并对注意事项进行记录。

(5) 网络接口打印机拥有独立的 IP 地址，可以直接连接到局域网中，因此，打印服务器可以管理更多的打印机。请根据下列图示，在图中填写进行配置的内容。

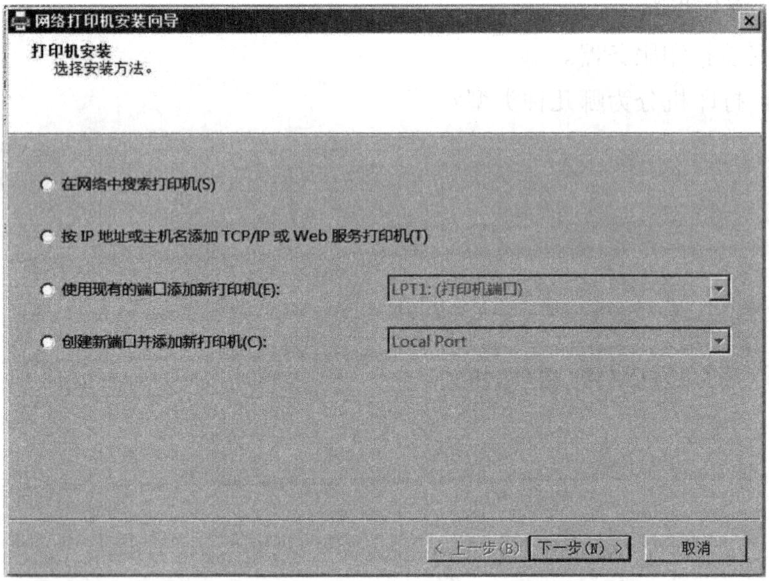

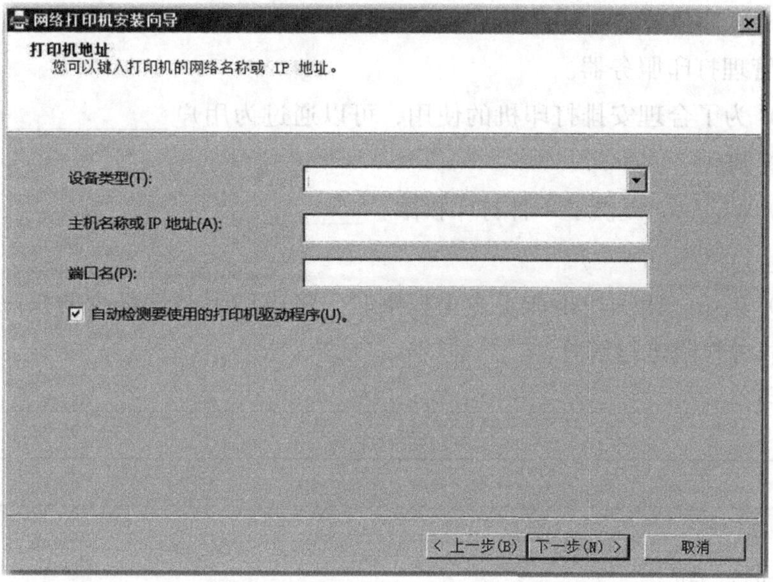

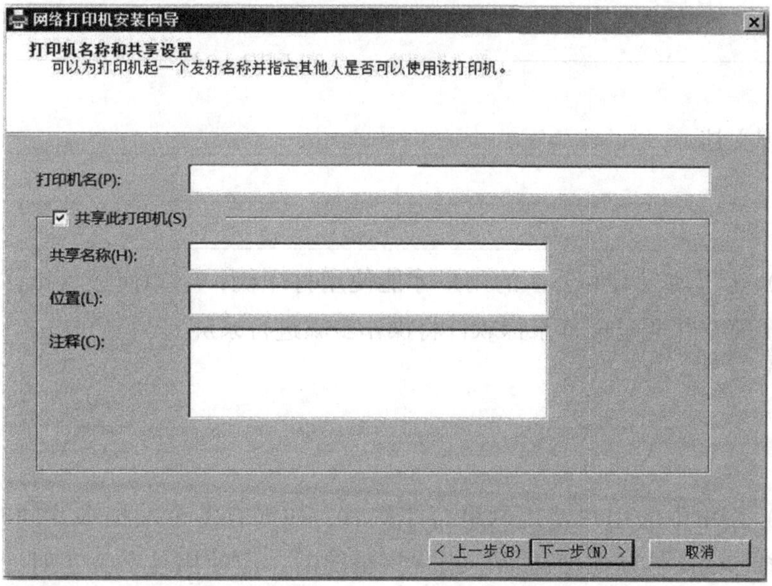

（6）打印机分为____________打印机和____________打印机两种。

（7）普通打印机没有独立的 IP 地址，需要使用____________或者____________连接到计算机上才能使用。

2. 管理打印服务器。

（1）为了合理安排打印机的使用，可以通过为用户__________________来进行控制。

（2）Windows 提供了 4 种打印权限：________、__________、__________和__________。

（3）当给一组用户指派了多个权限时，将应用限制性最少的权限。请对以下这几种权限进行解释。

打印：____

____

____

管理打印机：____

____

____

管理文档：____

____

____

（4）为了使只有办公区的用户才能使用打印机，应如何进行操作？请写出具体步骤，并通过屏幕录像软件将操作步骤进行录屏。

（5）网络中的用户使用网络打印机时，如果有多个文档需要同时打印，那么待打印的文档就需要排队。出现该情况时，应使用什么方法对计算机进行配置？

(6) 如果某个文件正在被打印，是否能调整其优先级别?

3. 访问共享打印机。

(1) 现有一打印服务器，服务器地址为 192.168.100.13，请在客户端计算机上访问共享打印机，并通过屏幕录像软件将操作步骤进行录屏。

(2) 如打印服务器上启用“________”功能，Internet 中的用户也可以借助 Web 浏览器，通过 Internet 远程连接到打印服务器并使用网络打印机打印。

(3) Web 共享打印机路径格式为：________________________________。

(4) 现有一 Web 共享打印服务器，服务器地址为 192.168.0.7，请在客户端计算机进行适当的配置，并进行打印测试，效果如下图所示。

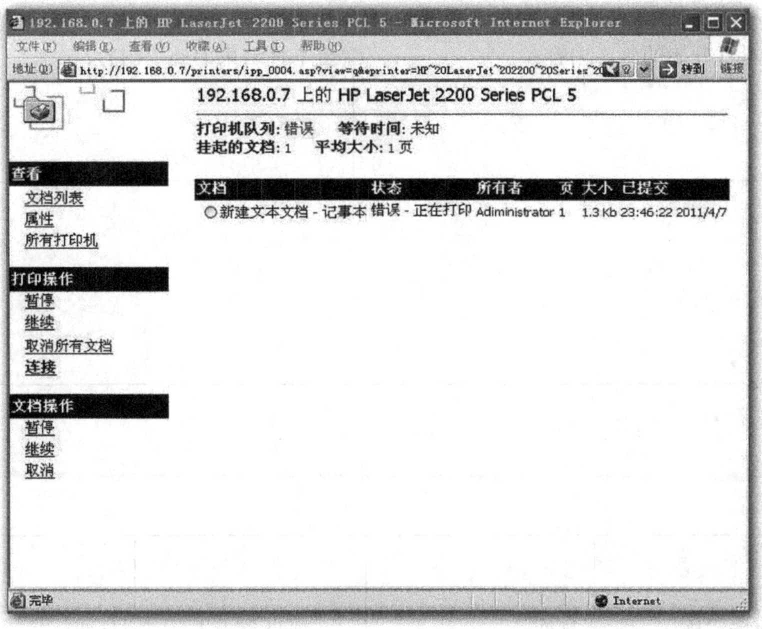

(5) 各小组请根据上述内容进行系统基本配置的施工，并填写施工日志。

施　工　日　志

日期：________年____月____日　　　　　　天气：________

星期：________　　　　　　　　　　　　　气温：________

<table>
<tr><td colspan="2">项目名称</td><td colspan="4"></td></tr>
<tr><td colspan="2">施工人员</td><td colspan="4"></td></tr>
<tr><td>工作内容及完成情况</td><td colspan="5">一、施工情况（施工地点）：
学校　　　室　　　号机柜
二、完成情况（分点填写及完成情况截图）：

三、存在问题及解决办法：</td></tr>
<tr><td>形象进度</td><td colspan="3">自本日开始的施工内容：</td><td colspan="2">至本日结束的施工内容：</td></tr>
<tr><td>下一步工作计划</td><td colspan="5"></td></tr>
<tr><td>补充说明</td><td colspan="5"></td></tr>
<tr><td colspan="2">现场实施</td><td>日期：</td><td colspan="2">项目负责人</td><td>日期：</td></tr>
</table>

学习活动三　DHCP 服务的安装及服务配置

一、拓扑结构

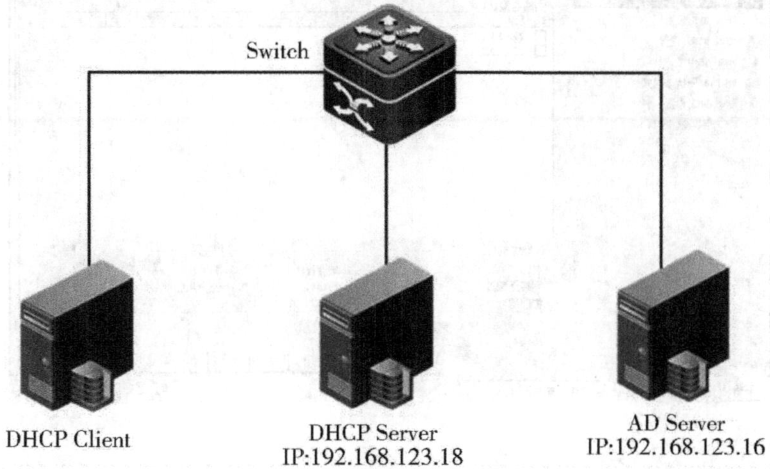

二、项目设备

计算机 3 台；二层交换机 1 台；网络线若干根；Windows Server 1 套。

三、操作步骤

1. 安装 DHCP 服务器。

（1）请简要写出 DHCP 服务器的作用。

（2）如下图所示，在“选择网络连接绑定”对话框中出现多个网卡，应如何与正确的网卡进行绑定。

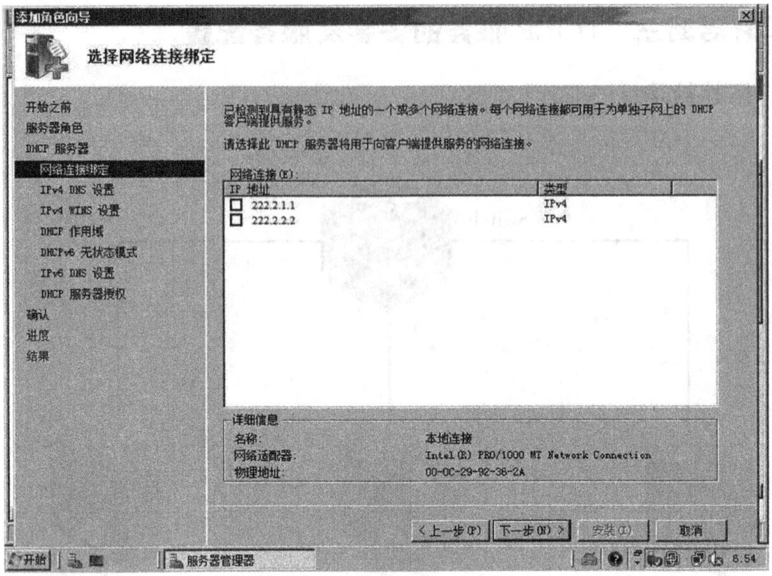

（3）如在 DHCP 没有处于域环境时设置 DNS 服务器地址，也必须同时设置________________。

（4）常用的内部 IP 地址段有以下三类：

①范围：

子网掩码：

适用范围：

②范围：

子网掩码：

适用范围：

③范围：

子网掩码：

适用范围：

（5）如果在 Active Directory 中安装 DHCP 服务器，要求指定授权此 DHCP 服务器的凭据，也就是具有授权权限的用户账户，应如何配置？

（6）对于规模较大、用户数量多的大型企业网络需要搭建 DHCP 服务器，可以采取什么方法以提高网络效率？

2. 创建作用域。

（1）作用域是一个定义好的 IP 地址段，当网络中的客户端计算机向 DHCP 服务器请求 IP 地址时，DHCP 服务器会____________________。

（2）如下图所示，在“作用域名称”对话框中的“名称”文本框中输入新作用域的名称，其作用是什么？

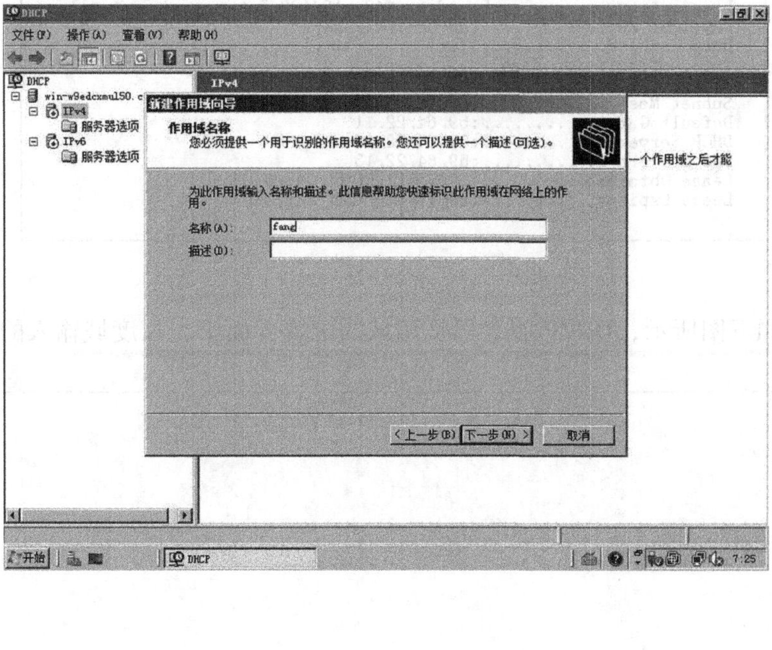

（3）在“IP 地址范围”对话框中，在“起始 IP 地址”和“结束 IP 地址”文本框中应输入设置的 IP 地址范围为多少？并说出理由。

（4）某公司使用 DHCP 服务器对公司内部主机的 IP 地址进行管理，已知：

该公司共有 40 个可用 IP 地址为：59.64.22.11～59.64.22.50；

DHCP 服务器选用 Windows Server 2003 操作系统，其 IP 地址为：59.64.22.12；

DHCP 客户机使用的操作系统是 Windows XP。

请回答下列问题：

①使 DHCP 客户机得到下图所示信息要使用的命令是________________。

```
Ethernet adapter 本地连接:
 Connection-specific DNS Suffix:
 Description..........:Broadcom 440x 10/100 Integrated Controller
 Physical Address........:00-0F-1F-52-EF-F6
 Dhcp Enabled...........:Yes
 Autoconfiguration Enabled....:Yes
 IP Address..........:59.64.22.50
 Subnet Mask..........:255.255.255.192
 Default Gateway.........:59.64.22.11
 DHCP Servers..........:59.64.22.12
 DNS Servers...........:59.64.22.13
 Lease Obtained.........:2007年12月14日 14:29:03
 Lease Expites..........:2007年12月22日 14:29:03
```

②如下图所示，DHCP 服务器作用域的配置界面中，长度域输入的数值应是____。

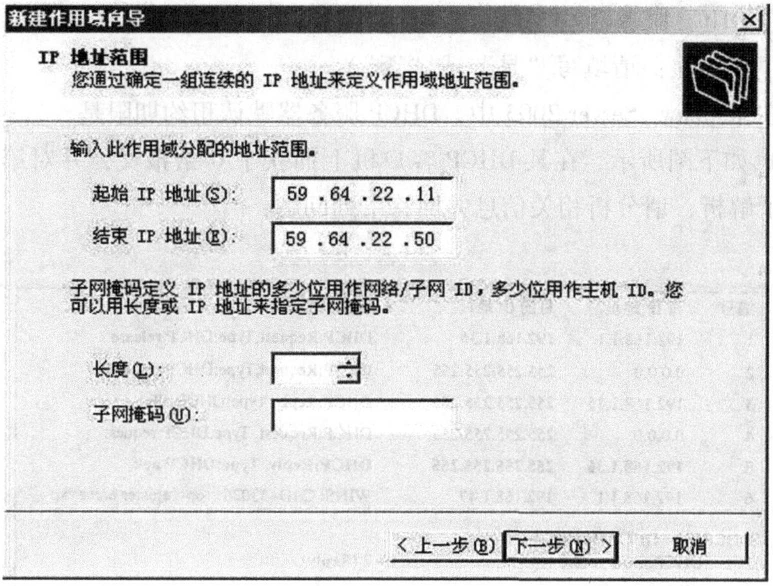

③在能为客户机分配地址之前，还必须执行的操作是______________。

④DHCP 服务器要为一个客户机分配固定的 IP 地址时，需要执行的操作是____________。

⑤DHCP 客户机要释放已获取的 IP 地址时，使用的命令是____________。

（5）某部门网络管理员使用 DHCP 服务器对公司内部主机的 IP 地址进行管理，已知：

该公司共有 40 个可用 IP 地址为：202. 112. 11. 11. 11 ~ 202. 112. 11. 50；DHCP 服务器选用 Windows Server 2003 操作系统，其 IP 地址为：202. 112. 11. 11；连接该子网络路由器端口的 IP 地址为 202. 112. 11. 12；DHCP 客户机使用操作系统是 Windows XP。

请回答下列问题：

①配置 DHCP 服务器作用域时，起始 IP 地址输入 202. 112. 11. 11，结束 IP 地址输入 202. 112. 11. 50，长度域输入的数值为 26。在设置“添加排除”时，起始 IP 地址应为______________，结束 IP 地址应为______________。

②DHCP 服务器已经获得地址租约，但对域名 www. bupt. edu. cn 进行 ping 操作失败，与 DHCP 服务器配置有关的原因是________________________。

③在 DHCP 服务器给客户机分配地址租约后，是否可以主动收回地址租约？______（注：请填写“是”或“否”）

④在 Windows Server 2003 中，DHCP 服务器默认租约期限是________天。

（6）如下图所示，在某 DHCP 客户机上捕获了 6 条报文，并对第 5 条报文进行了解析，请分析相关信息并回答下列问题：

编号	源 IP 地址	目的 IP 地址	报文摘要
1	192.168.1.1	192.168.1.36	DHCP:Request,Type:DHCP release
2	0.0.0.0	255.255.255.255	DHCP:Request,Type:DHCP discover
3	192.168.1.36	255.255.255.255	DHCP:Reply, Type:DHCP offer
4	0.0.0.0	255.255.255.255	DHCP:Request, Type:DHCP request
5	**192.168.1.36**	**255.255.255.255**	**DHCP:Reply, Type:DHCP ack**
6	192.168.1.1	192.168.1.47	WINS: C ID=33026 op=register name=xp

```
DHCP: ----- DHCP Header -----
    DHCP: Boot record type                    = 2 (Reply)
    ......
    DHCP: Client self-assigned address        = [0.0.0.0]
    DHCP: Client address                      = [192.168.1.1]
    DHCP: Next Server to use  in bootstrap    = [0.0.0.0]
    DHCP: Relay Agent                         = [0.0.0.0]
    DHCP: Client hardware address             = 000F1F52EFF6
    ......
    DHCP: Vendor Information tag              = 63825363
    DHCP: Message Type                        = 5 (DHCP Ack)
    DHCP: Address renewel interval            = 345600 (seconds)
    DHCP: Address rebinding interval          = 604800 (seconds)
    DHCP: Request IP Address lease time       = 691200 (seconds)
    DHCP: Subnet mask                         = 255.255.255.240
    DHCP: Gateway address                     = [192.168.1.100]
    DHCP: Domain Name Server address          = [[illegible]]
```

①户机获得的 IP 地址是________________________。

②在 DHCP 服务器中设置 DNS 服务器地址是______________，路由器地址是______________。

③若给 DHCP 客户机分配固定 IP 地址，则新建保留时输入的 MAC 地址是______________。

④DHCP 服务器的 IP 地址是________________。

（7）根据拓扑图所示，完成以下任务。

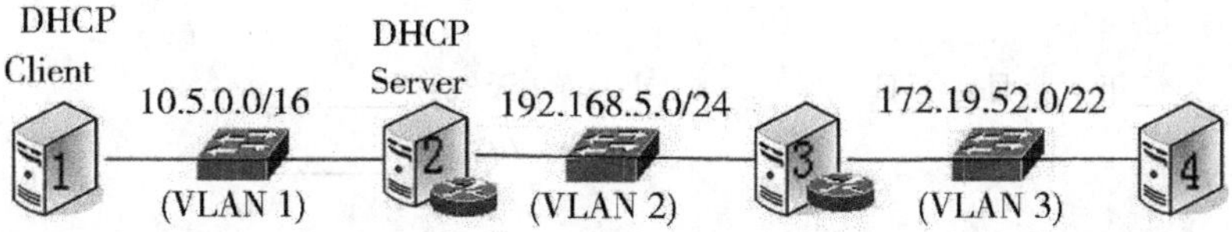

IP 2-1
Mask
Gateway

IP 2-2
Mask
Gateway

IP 4
Mask
Gateway

IP 1
Mask
Gateway

IP 3-1
Mask
Gateway

IP 3-2
Mask
Gateway

①根据网络拓扑图配置网络项目环境。

②给各计算机配置 IP ，并填写下表：

设备名	IP 地址	子网掩码	默认网关	DNS 地址

③配置 2 号 DHCP 服务器，实现 1 号机通过自动获取 IP 并能与 4 号机进行通信。

④结果验证：每台机要求显示以下结果：ipconfig / allroute print。

（8）各小组请根据上述内容进行系统基本配置的施工，并填写施工日志。

施　工　日　志

日期：________年____月____日　　　　　　　　　　天气：________

星期：________　　　　　　　　　　　　　　　　　气温：________

<table>
<tr><td colspan="2">项目名称</td><td colspan="3"></td></tr>
<tr><td colspan="2">施工人员</td><td colspan="3"></td></tr>
<tr><td colspan="2">工作内容及完成情况</td><td colspan="3">一、施工情况（施工地点）：
学校　　　　室　　　　　号机柜
二、完成情况（分点填写及完成情况截图）：

三、存在问题及解决办法：</td></tr>
<tr><td colspan="2">形象进度</td><td>自本日开始的施工内容：</td><td colspan="2">至本日结束的施工内容：</td></tr>
<tr><td colspan="2">下一步工作计划</td><td colspan="3"></td></tr>
<tr><td colspan="2">补充说明</td><td colspan="3"></td></tr>
<tr><td>现场实施</td><td colspan="2">日期：</td><td>项目负责人</td><td>日期：</td></tr>
</table>

学习活动四　WWW 服务的安装与服务配置

一、拓扑结构

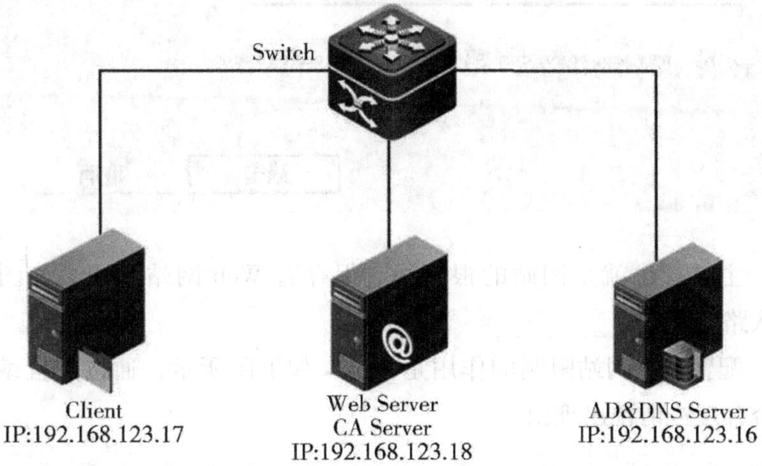

二、项目设备

计算机 3 台；二层交换机 1 台；网络线若干根；Windows Server 3 套。

三、操作步骤

1. 安装和配置静态 Web 网站。

（1）Web 服务器可利用 Windows Server 2008 中的________________来实现，安装完成后可立即实现 Web 网站服务，只需将网页文件放到默认主目录中，用户即可访问。

（2）如下图所示，使用默认值 80 端口时，用户访问该网站时应输入________________________；如使用 8080 端口访问 Web 网站时，用户访问该网站时则输入________________________。

（3）主目录也就是网站的根目录，保存着 Web 网站的网页、图片等数据，默认路径为______________文件夹。

（4）配置编辑网站限制的作用是什么？如下图所示，通过配置编辑限制的值是否合理？请说出理由。

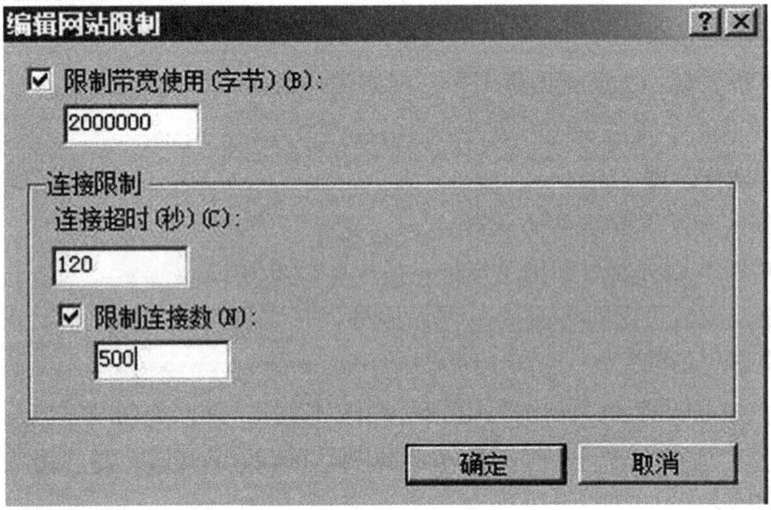

（5）在网页中运行该类型的程序或者从网站下载该类型的文件时，如下图所示，提示“找不到文件或目录”，请问主要原因是什么？并写出应如何解决该问题。

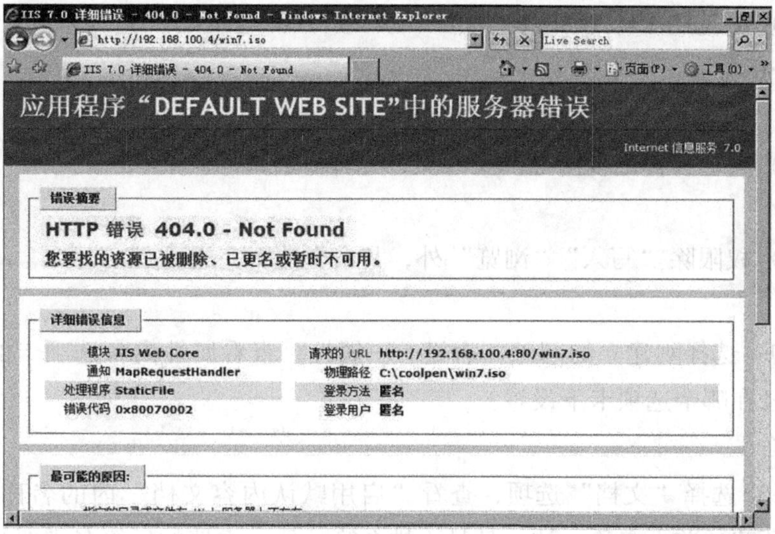

（6）静态网站是指______________________________。

（7）动态网站通常是指______________________________。

2. 配置和管理 HTTPS 网站。

（1）在 C 盘以外建立一个新文件夹，可以命名为 WEB 或者其他。

（2）在文件夹内建一个 htm 文件作为网站首页，可用记事本建立，写上你的名字和学号，然后改名为“index”，后缀名改为“htm”。

（3）再用记事本输入“ < marquee >你来了?! </marquee >”，把文件保存为“welcome. htm”，该文件将作为网站脚本使用。

（4）为网卡添加 IP 地址：192. 168. 学号 . 1。

（5）在管理工具中打开 Internet 信息服务管理器，在网站选项中，右键——新建——网站，打开创建网站向导。

（6）根据向导进行设置：描述为“我的网站”。

（7）IP 选用 192. 168. 学号 . 1，端口 80，IP 地址能否直接输入？端口为什么是 80 ？

（8）路径为你之前所建的文件夹，允许匿名访问。

（9）权限除“写入”“浏览”外，其余全选，完成。

（10）选择刚建立的网站，右键——属性，查看属性内各选项卡的内容。目录路径在哪个选项卡下设置？

（11）选择“文档”选项，查看“启用默认内容文档”内的名称是否与你之前所建的首页名称一致，且是否排在第一位。文档的后缀名需要打入吗？为什么要排在第一位？

（12）为网站添加文档页脚，为你之前所建的 welcome. htm 文档。

（13）检查：

①方法一：右击你所建立的网站——浏览；

②方法二：在 IE 中打入 192. 168. 学号 . 1，查看效果；

③以上方法能否浏览。截图如下：

不能浏览的话，估计原因是：______

你的解决方法是：______

（14）如何设置网站浏览的带宽为 2M/s？______

（15）如何设置网站同时浏览人数为 500 人？______

（16）如何设置 IP：222. 2. 2. 2 不能访问该网站？

（17）若要把该网站的 IP 改为 222. 2. 学号 . 1，该如何设置？

（18）若继续使用原 IP 不变，端口改为 8080，如何设置及浏览？

3. 创建单 IP 地址的 Web 虚拟网站。

（1）如果服务器上只有一个 IP 地址，那么，就可以在一台服务器上创建多个具有不同的______ 或者主机名的________________ 。

（2）利用______________________创建 Web 站点是目前使用最多的方法。只需有一个 IP 地址，就可以将一个网站以多个不同的域名进行发布。

（3）创建三个具有不同端口的虚拟网站，但使用 Web 服务器上的同一 IP 地址。请使用录屏工具对操作步骤进行录屏。

（4）创建三个具有不同的主机名的网站。请使用录屏工具对操作步骤进行录屏。

（5）各小组请根据上述内容进行系统基本配置的施工，并填写施工日志。

施　工　日　志

日期：________年____月____日　　　　　　　天气：________

星期：________　　　　　　　　　　　　　　气温：________

<table>
<tr><td colspan="2">项目名称</td><td colspan="4"></td></tr>
<tr><td colspan="2">施工人员</td><td colspan="4"></td></tr>
<tr><td>工作内容及完成情况</td><td colspan="5">一、施工情况（施工地点）：
学校　　　室　　　号机柜
二、完成情况（分点填写及完成情况截图）：
三、存在问题及解决办法：</td></tr>
<tr><td>形象进度</td><td colspan="2">自本日开始的施工内容：</td><td colspan="3">至本日结束的施工内容：</td></tr>
<tr><td>下一步工作计划</td><td colspan="5"></td></tr>
<tr><td>补充说明</td><td colspan="5"></td></tr>
<tr><td colspan="2">现场实施</td><td>日期：</td><td>项目负责人</td><td colspan="2">日期：</td></tr>
</table>

第三部分　总结与反思

工作过程经验记录与总结

1. 笔记：
2. 任务实施情况，请自我评价________ A. 非常好（91~100 分）　B. 比较好（81~90 分）　C. 一般（66~80 分） D. 不太好（51~65 分）　E. 基本完成不了（50 分或以下）
3. 总结： 在这次的任务学习中，你遇到什么困难？在哪些方面需要进一步改进？ 签名：　　　　完成日期：

学习情境三

网吧服务器组建

情境描述◎

网吧无处不在，但随着电脑进入千家万户，很多人在家里就可以上网，所以不少网吧由于经营不善而倒闭。然而有很多网吧生意依然红火，问其秘诀，首先是压榨运营成本，然后是提升用户体验。这两点说起来容易，做起来却很难。这不，又一个网吧老板需要升级改造自己的网吧，以免遭受被淘汰的厄运。

本次情境里，你和你的组员将扮演一个网络科技公司工作人员，与网吧老板沟通网吧升级改造事宜，并且选购合适设备，安装配置服务器软件，完成网吧老板所提的要求。具体工作流程如下：

1. 了解网吧客户的服务需求信息；

2. 根据需求对服务器进行选型；

3. 查阅相关资料，填写网吧所需的服务组建及相关软件，并进行相应组建的安装配置；

4. 对组建的服务器进行自检，并填写相应的施工日志；

5. 系统测试与客户验收。

第一部分　计划与实施

学习活动一　获取客户需求

要确定项目怎么做，客户的意见是最重要的，请查找相关资料，了解如何更好地获取用户的需求？如何挖掘客户真正想要的内容？获取客户需求的方法与技巧是什么？总结并请写在横线上：

____

____

____

____

____

本情境需要完成基本要求如下：

网吧老板说："我需要经营一个200台机器的网吧，要求能正确计费，节约硬件成本，提高游戏更新速度，提高上网速度，并且提供一个网吧网址导航，吸引用户访问内网资源。"

请深入与网吧老板沟通，挖掘网吧服务器组建的各方面要求，将获取到的客户需求写下来（要求：比基本要求要更具体）：

____

____

____

____

学习活动二　需求分析

从学习活动一中取得的需求内容，应该如何分析？有什么样的经验和技巧？请查找相关资料，总结并写在横线上：

____

____

经过深入分析之后，得到了功能需求：

1. 计费管理功能。

功能描述：

2. 无盘工作站。

功能描述：

3. 游戏服务器、更新。

功能描述：

4. 代理服务器。

功能描述：

5. Web（Linux）

功能描述：

6. ______

功能描述：

7. ______________________________

功能描述：

____

____

____

……（若有更多，可以附纸。）

针对以上的功能，将需要什么样的服务器硬件进行搭配？小组进行讨论，确定并列出网吧服务器硬件的标准和要求（可适当增加）：

参考项	要求	备注
服务器处理器		
服务器内存		
客户机处理器		
客户机内存		
服务器硬盘		
数据冗余		
布网方式		
扩展性		
稳定性		
客户机显卡		
交换机		
价格		

学习活动三　方案设计

1. 网吧计费管理功能设计方案。

请查找所有可能的解决方案，并填写下表：

网吧计费管理功能			
	方案 1：摇钱树网吧管理	方案 2：Radius	方案 3：
方案描述			
施工难点			
优点			
最终选择			

2. 无盘工作站方案设计。

请查找所有可能的解决方案，并填写下表：

无盘工作站			
	方案 1：快吧无盘	方案 2：Windows/Linux + NFS	方案 3：锐起无盘系统
方案描述			
施工难点			
优点			
最终选择			

3. 游戏更新服务器。

请查找所有可能的解决方案，并填写下表：

游戏更新服务器			
	方案 1：Windows 共享	方案 2：快吧游戏更新服务器	方案 3：Windows FTP
方案描述			
施工难点			

(续上表)

游戏更新服务器			
	方案1：Windows 共享	方案2：快吧游戏更新服务器	方案3：Windows FTP
优点			
最终选择			

4. 软路由/代理服务器。

请查找所有可能的解决方案，并填写下表：

软路由/代理服务器			
	方案1：Windows Server 路由与远程访问服务	方案2：海蜘蛛路由	方案3：ROS
方案描述			
施工难点			
优点			
最终选择			

5. 网吧导航网站。

请查找所有可能的解决方案，并填写下表：

网吧导航网站			
	方案1：Windows Server IIS	方案2：Linux + Apace	方案3：
方案描述			
施工难点			
优点			
最终选择			

6. 网吧服务器硬件选型。

根据学习活动二中所列出的要求以及本学习活动中的方案设计，进行网吧服务器硬件的选型，具体需要多少台服务器，小组讨论决定，表格不够可以另外附纸。

网吧服务器______________硬件参数表			
处理器			
CPU 品牌		CPU 型号	
CPU 主频		二级缓存	
核心代号		核心数	
制程工艺		总线速度	
主板、内存			
扩展插槽		USB 接口	
内存容量		内存类型	
存储设备			
硬盘容量		硬盘类型	
硬盘速度		光驱类型	
视频、音频			
显卡类型		显示芯片	
显存容量		显示器	
声卡			
网络			
以太网卡		速率	
接口数量			
参考价格			

（续上表）

网吧服务器______硬件参数表			
处理器			
CPU 品牌		CPU 型号	
CPU 主频		二级缓存	
核心代号		核心数	
制程工艺		总线速度	
主板、内存			
扩展插槽		USB 接口	
内存容量		内存类型	
存储设备			
硬盘容量		硬盘类型	
硬盘速度		光驱类型	
视频、音频			
显卡类型		显示芯片	
显存容量		显示器	
声卡			
网络			
以太网卡		速率	
接口数量			
参考价格			

思考：

以小组形式进行讨论，上述参数中哪些在网吧服务器中较为重要，并说出原因。

____

____

7. 进行服务器系统的选择。

选定硬件后，请根据功能、学习背景描述，构建一个自己的网吧网络服务器，选择合适的操作系统并填写下表。

序号	操作系统名称	选择该操作系统的原因
1		
2		
3		
4		

学习活动四　实施方案

1. 网吧收费功能实施。

根据方案设计的具体要求，可参考以下内容，进行服务器基本设置，并填写施工日志。

方案一：摇钱树网吧计费管理软件

方案二：Windows Server 或 Linux + radius 服务

2. 无盘工作站配置实施。

根据方案设计的具体要求，可参考以下内容，进行服务器基本设置，并填写施工日志。

方案一：快吧无盘系统

方案二：锐起无盘系统

方案三：Windows Server + nfs

3. 游戏更新服务器配置实施。

根据方案设计的具体要求，可参考以下内容，进行服务器基本设置，并填写施工日志。

方案一：FTP 共享游戏文件

（1）FTP 站点的建立；

（2）FTP 站点的配置选项；

（3）用户间的隔离。

方案二：快吧游戏更新服务器

方案三：Windows 文件共享

（1）文件安全权限的设置；

（2）文件共享权限的设置；

（3）如何确定用户对文件的最终权限。

方案四：Linux Samba 服务

技术验证：采用 Samba 服务实现与 Windows 和 Linux 的文件共享——匿名访问。

要求：

（1）在根目录上创建目录 abc。

（2）共享目录 abc，允许对目录进行匿名访问（可读，可执行，不可写）——只读共享。

步骤：

（1）在根目录上创建目录 abc。

（2）修改目录权限（所有用户都可读，可执行权限，但不可写）。

（3）修改目录文件主为 nobody。

（4）编辑主配置文件：/etc/samba/smb. conf 中的全局配置。

hosts allow = ______________________；修改允许访问 samba 服务器的主机 IP；

guest account = ______________________；匿名账号；

security = ______________________；身份验证。

（注：还可以修改 workgroup，server string ，share 等参数）

（5）编辑主配置文件：/etc/samba/smb. conf，在文件最后输入以下内容：

[abc]

comment = directory abc for everybody

path = /root/abc

public = yes

writable = no

browseable = yes

(6) 重启 smb 服务，命令是：________________

(7) 共享访问，具体看第（5）点。

4. 网吧软路由器安装配置。

根据方案设计的具体要求，可参考以下内容，进行服务器基本设置，并填写施工日志。

方案一：采用 Windows 路由与远程访问服务

(1) NAT 服务器架设；

(2) NAT 管理。

方案二：采用海蜘蛛软路由系统

方案三：ROS

5. 安装网页服务并制作测试导航网页。

根据方案设计的具体要求，可参考以下内容进行服务器基本设置，并填写施工日志。

方案一：采用 Windows 服务器

(1) 建立 Web 站点；

(2) Web 站点的配置选项；

(3) 虚拟主机的创建；

(4) 导航网页制作；

(5) 上传网站，测试网站，美化页面。

方案二：采用 Linux 系统 + Apache 制作 Web 服务器

学习活动五　项目验收

1. 计费管理功能验收。

测试目的	上电后，检测设备自检状态；各服务器运行状态。		
场地	网吧		
设备名			
步骤	1. 加电前，根据安装步骤检查各部件是否符合加电要求 2. 将电缆连接 3. 将开关置于 ON 4. 测试服务计费管理后台功能 5. 测试客户机计费管理功能		
标准	指示灯显示正常 各模块指示灯正常 风扇运转正常 电源板开关正常 系统正常启动 服务器各服务启动正常 服务计费管理后台功能正常 客户机计费管理功能正常		
结果：（pass/fail）	指示灯显示正常　（pass/fail） 各模块指示灯正常　（pass/fail） 风扇运转正常　（pass/fail） 电源板开关正常　（pass/fail） 系统正常启动　（pass/fail） 服务器各服务启动正常　（pass/fail） 服务计费管理后台功能正常　（pass/fail） 客户机计费管理功能正常　（pass/fail）		
时间			
项目经理：	日期：	用户代表：	日期：

2. 无盘工作站验收。

测试目的	上电后，检测设备自检状态；各服务器运行状态。		
场地	网吧		
设备名			
步骤	1. 加电前，根据安装步骤检查各部件是否符合加电要求 2. 将电缆连接 3. 将开关置于 ON 4. 服务器无盘服务启动及配置情况 5. 客户机测试服务运行情况		
标准	指示灯显示正常 各模块指示灯正常 风扇运转正常 电源板开关正常 系统正常启动 服务器各服务启动正常 服务器无盘服务启动及配置情况正常 客户机无盘系统能正常进入		
结果：(pass/fail)	指示灯显示正常 (pass/fail) 各模块指示灯正常 (pass/fail) 风扇运转正常 (pass/fail) 电源板开关正常 (pass/fail) 系统正常启动 (pass/fail) 服务器各服务启动正常 (pass/fail) 服务器无盘服务启动及配置情况正常 (pass/fail) 客户机无盘系统能正常进入 (pass/fail)		
时间			
项目经理：	日期：	用户代表：	日期：

3. 游戏服务器更新功能验收。

测试目的	上电后，检测设备自检状态；各服务器运行状态。		
场地	网吧		
设备名			
步骤	1. 加电前，根据安装步骤检查各部件是否符合加电要求 2. 将电缆连接 3. 将开关置于 ON 4. 检查服务器更新游戏包数据下载情况 5. 检查客户机更新游戏数据情况		
标准	指示灯显示正常 各模块指示灯正常 风扇运转正常 电源板开关正常 系统正常启动 服务器各服务启动正常 服务器更新游戏包数据下载正常 客户机更新游戏数据正常		
结果：（pass/fail）	指示灯显示正常（pass/fail） 各模块指示灯正常（pass/fail） 风扇运转正常（pass/fail） 电源板开关正常（pass/fail） 系统正常启动（pass/fail） 服务器各服务启动正常（pass/fail） 服务器更新游戏包数据下载正常（pass/fail） 客户机更新游戏数据正常（pass/fail）		
时间			
项目经理：	日期：	用户代表：	日期：

学习情境一 家庭服务器装配

4. 代理服务器验收。

测试目的	上电后，检测设备自检状态；各服务器运行状态。		
场地	网吧		
设备名			
步骤	1. 加电前，根据安装步骤检查各部件是否符合加电要求 2. 将电缆连接 3. 将开关置于 ON 4. 检查服务器更新游戏包数据下载情况 5. 检查客户机更新游戏数据情况		
标准	指示灯显示正常 各模块指示灯正常 风扇运转正常 电源板开关正常 系统正常启动 服务器各服务启动正常 服务器更新游戏包数据下载正常 客户机更新游戏数据正常		
结果：(pass/fail)	指示灯显示正常 (pass/fail) 各模块指示灯正常 (pass/fail) 风扇运转正常 (pass/fail) 电源板开关正常 (pass/fail) 系统正常启动 (pass/fail) 服务器各服务启动正常 (pass/fail) 服务器更新游戏包数据下载正常 (pass/fail) 客户机更新游戏数据正常 (pass/fail)		
时间			
项目经理：	日期：	用户代表：	日期：

5. Web（Linux）功能验收。

进行网吧 web 服务器系统测试，根据设计要求进行测试，并填写测试运行报告。

测试目的	上电后，检测设备自检状态；各服务器运行状态。		
场地	网吧		
设备名			
步骤	1. 加电前，根据安装步骤检查各部件是否符合加电要求 2. 将电缆连接 3. 将开关置于 ON 4. 测试服务器 IIS 或 Apache 服务 5. 测试客户机访问导航网站		
标准	指示灯显示正常 各模块指示灯正常 风扇运转正常 电源板开关正常 系统正常启动 服务器各服务启动正常 服务器 IIS 或 Apache 服务运行正常 客户机访问导航网站正常		
结果：(pass/fail)	指示灯显示正常 (pass/fail) 各模块指示灯正常 (pass/fail) 风扇运转正常 (pass/fail) 电源板开关正常 (pass/fail) 系统正常启动 (pass/fail) 服务器各服务启动正常 (pass/fail) 服务器 IIS 或 Apache 服务运行正常 (pass/fail) 客户机访问导航网站正常 (pass/fail)		
时间			
项目经理：	日期：	用户代表：	日期：

施 工 日 志

日期：________年____月____日　　　　天气：________

星期：________　　　　　　　　　　　气温：________

<table>
<tr><td colspan="2">项目名称</td><td colspan="4"></td></tr>
<tr><td colspan="2">施工人员</td><td colspan="4"></td></tr>
<tr><td colspan="2">工作内容及完成情况</td><td colspan="4">一、施工情况（施工地点）：
学校　　　室　　　号机柜
二、完成情况（分点填写及完成情况截图）：
三、存在问题及解决办法：</td></tr>
<tr><td colspan="2">形象进度</td><td colspan="2">自本日开始的施工内容：</td><td colspan="2">至本日结束的施工内容：</td></tr>
<tr><td colspan="2">下一步工作计划</td><td colspan="4"></td></tr>
<tr><td colspan="2">补充说明</td><td colspan="4"></td></tr>
<tr><td colspan="2">现场实施</td><td>日期：</td><td colspan="2">项目负责人</td><td>日期：</td></tr>
</table>

施　工　日　志

日期：________年___月___日　　　　　　　　天气：________

星期：________　　　　　　　　　　　　　　　气温：________

<table>
<tr><td colspan="2">项目名称</td><td colspan="4"></td></tr>
<tr><td colspan="2">施工人员</td><td colspan="4"></td></tr>
<tr><td>工作内容及完成情况</td><td colspan="5">一、施工情况（施工地点）：
学校　　　室　　　号机柜
二、完成情况（分点填写及完成情况截图）：

三、存在问题及解决办法：</td></tr>
<tr><td>形象进度</td><td colspan="2">自本日开始的施工内容：</td><td colspan="3">至本日结束的施工内容：</td></tr>
<tr><td>下一步工作计划</td><td colspan="5"></td></tr>
<tr><td>补充说明</td><td colspan="5"></td></tr>
<tr><td colspan="2">现场实施</td><td>日期：</td><td colspan="2">项目负责人</td><td>日期：</td></tr>
</table>

施 工 日 志

日期：________年____月____日　　　　　　天气：________

星期：________　　　　　　　　　　　　　气温：________

<table>
<tr><td colspan="2">项目名称</td><td colspan="4"></td></tr>
<tr><td colspan="2">施工人员</td><td colspan="4"></td></tr>
<tr><td>工作内容及完成情况</td><td colspan="5">一、施工情况（施工地点）：
学校　　　室　　　号机柜
二、完成情况（分点填写及完成情况截图）：
三、存在问题及解决办法：</td></tr>
<tr><td>形象进度</td><td colspan="2">自本日开始的施工内容：</td><td colspan="3">至本日结束的施工内容：</td></tr>
<tr><td>下一步工作计划</td><td colspan="5"></td></tr>
<tr><td>补充说明</td><td colspan="5"></td></tr>
<tr><td colspan="2">现场实施</td><td>日期：</td><td colspan="2">项目负责人</td><td>日期：</td></tr>
</table>

第二部分　总结与反思

工作过程经验记录与总结

1. 笔记：
2. 任务实施情况，请自我评价________ A. 非常好（91～100 分）　B. 比较好（81～90 分）　C. 一般（66～80 分） D. 不太好（51～65 分）　E. 基本完成不了（50 分或以下）
3. 总结： 在这次的任务学习中，你遇到什么困难？在哪些方面需要进一步改进？ 签名：　　　完成日期：

学习情境四

KTV 服务器组建

情景描述◎

当前，KTV 歌厅已经遍及中国的大江南北，人们在工作之余不忘去潇洒一回。而传统歌厅的设施正在逐渐地老化，点歌速度太慢，并且经常出现“抢歌”现象，给人们的休闲情绪带来了不快，更重要的一点是由于老式的点歌服务器及歌库都是采用组装的 PC 机加上多块的大容量硬盘组成，这样的服务器系统，特别不稳定，经常会出现死机、歌库丢失等现象。这些问题不但增加了大量繁琐的维护工作，而且直接影响到前端的运行，从而进一步影响到歌厅的收入。

某酒店需要新开设一个 KTV 场所，要求使用的是 W－NT 系统（或 Linux 系统）和普通服务器，包房中设立电脑，并建立计算机网络。要求设备成本适中，可靠性高，能实现点歌及放歌的计算机化，使用目前比较流行的点歌系统。

第一部分　计划与实施

学习活动一　服务器硬件构成及选型

1. 小组进行讨论，确定并列出网络公司服务器组件的需求有哪些。

序号	客户要求实现内容	选用的系统	实现方法

2. 小组进行讨论，确定并列出 KTV 场所服务器系统的建设目标（可适当增加）：

参考项	要求	备注
系统运行可靠稳定		
系统功能丰富		
客人自助点歌		
扩展性		
价格		

3. 根据小组列出的要求，进行服务器硬件的选型。

KTV 服务器硬件参数表			
处理器			
CPU 品牌		CPU 型号	
CPU 主频		二级缓存	
核心代号		核心数	
制程工艺		总线速度	
主板、内存			
扩展插槽		USB 接口	
内存容量		内存类型	
存储设备			
硬盘容量		硬盘类型	
硬盘速度		光驱类型	
视频、音频			
显卡类型		显示芯片	
显存容量		显示器	
声卡			
网络			
以太网卡		速率	
接口数量			
参考价格			

4. 如果该酒店想要扩大经营，在KTV场所中开设几家连锁店，在服务器上应作哪些考虑？并简要列出其与上述服务器的区别。

____

____

____

____

____

5. 在服务器操作系统选型上，可选择Windows或Linux操作系统。查阅相关资料，在KTV场所中这两个操作系统哪个较为适用，小组进行讨论并列出原因。

____

____

____

____

____

6. 对服务器进行操作系统的安装，要求使用两台服务器分别进行Windows和Linux服务器操作系统的安装。系统安装过程中，小组讨论需要进行基本设置的内容写入下表，并对系统进行基本配置。

操作系统名称	操作系统的基本配置内容	
Windows Server	1	
	2	
	3	
	4	
	5	
	6	
	7	
	8	

（续上表）

操作系统名称	操作系统的基本配置内容	
Linux	1	
	2	
	3	
	4	
	5	
	6	
	7	
	8	

7. 各小组请根据上述内容进行配置的施工，并填写施工日志。

施 工 日 志

日期：________年____月____日　　　　　　　　　　天气：________

星期：________　　　　　　　　　　　　　　　　　气温：________

<table>
<tr><td>项目名称</td><td colspan="4"></td></tr>
<tr><td>施工人员</td><td colspan="4"></td></tr>
<tr><td>工作内容及完成情况</td><td colspan="4">一、施工情况（施工地点）：
学校　　　室　　　号机柜
二、完成情况（分点填写及完成情况截图）：
三、存在问题及解决办法：</td></tr>
<tr><td>形象进度</td><td colspan="2">自本日开始的施工内容：</td><td colspan="2">至本日结束的施工内容：</td></tr>
<tr><td>下一步工作计划</td><td colspan="4"></td></tr>
<tr><td>补充说明</td><td colspan="4"></td></tr>
<tr><td>现场实施</td><td>日期：</td><td>项目负责人</td><td colspan="2">日期：</td></tr>
</table>

学习活动二　Windows 服务器视频播放及媒体服务

1. 使用流媒体技术实现 VOD 视频点播是一种流行、稳定的技术，是一个稳定高效的视频点播的系统的基本要求。它与目前市面上大多数点播系统采取的技术完全不同。目前市面上大多数点播系统采取的是一般的文件共享式的方法。请根据下图所示的两种技术，查阅相关资料，了解两种技术各自的特点及工作原理，列出两种技术各自的特点及不同点。

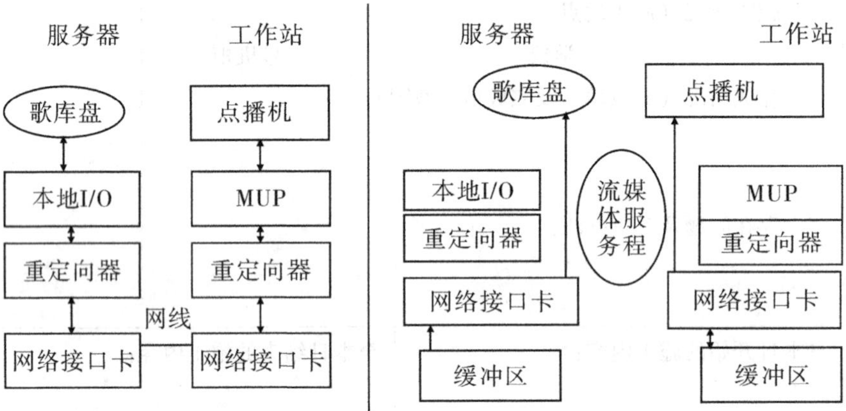

文件共享式技术　　　　流媒体技术

	文件共享式技术	流媒体技术
特点		
不同点		

2. Windows Media Services 服务的安装。

（1）请使用两种方法进行 Windows Media Services 服务的安装，简要写出过程并截图。

____

____

____

（2）制作流式文件。

Web 服务可用来发布 HTML 文件，而视频点播服务自然可用来发布流媒体文件。使用 Windows Media 编码器，可以将文件扩展名 . wma、. wmv、. asf、. avi、. wav、. mpg、. mp3、. bmp 和 . jpg 等文件转换成为 Windows Media 服务使用的流文件。. asf、. wma 和 . wmv 文件扩展名代表标准的 Windows Media 文件格式。其中的 . asf 文件扩展名通常用于使用 Windows Media Tools 4. 0 创建的基于 Miscrosoft Media 的内容。而 . wma 和 . wmv 文件扩展名是作为 Windows Media 编码器的标准命名约定引入的，目的是使用户能够容易区别纯音频（. wma）文件和视频（. wmv）文件，这三种扩展名可以交换使用。

请根据下述提示，完成制作流式文件。

①安装 Windows Media 编码器。Windows Server 中并没有自带 Windows Media 编码器，需要到 Microsoft 官方网站上下载 Windows Media 编码器的简体中文版，然后再执行安装过程。需要注意的是，编码器既可以安装在 Windows Media 服务器上，同时也可以安装在其他计算机上。也就是说，编码器只需安装在执行编码（即转换文件格式）工作的计算机上。

②转换文件格式。转换文件格式的标准描述应当是“对存储信息源编码”，其实也就是将保存在硬盘或光盘上的多媒体文件转换为 Windows Media 服务可使用的流媒体文件格式，这个文件格式转换过程叫做编码。Windows Media 编码器可以将 MPG 和 AVI 格式的多媒体文件编码为 WMV 格式。

③对实况信息进行编码。对实况信息源进行编码运算，就是指通过将音频或视频设备录入的音频、视频或图片等源信息进行编码运算，以将它们转换为流或流文件的过程。对实况源进行编码的过程与对已存储信息源的编码过程特别相似。

④捕获屏幕。Windows Media 编码器还可以用来捕获屏幕、窗口，并且还可以把屏幕、屏幕中的特定区域或窗口在一段时间内的活动信息捕获并做成演示文件，以供其他用户观看或下载。

3. 各小组请根据上述内容进行的施工，并填写施工日志。

施 工 日 志

日期：________年____月____日　　　　　　　　　　天气：________

星期：________　　　　　　　　　　　　　　　　　气温：________

<table>
<tr><td>项目名称</td><td colspan="3"></td></tr>
<tr><td>施工人员</td><td colspan="3"></td></tr>
<tr><td>工作内容及完成情况</td><td colspan="3">一、施工情况（施工地点）：
学校　　　　室　　　　号机柜
二、完成情况（分点填写及完成情况截图）：

三、存在问题及解决办法：</td></tr>
<tr><td>形象进度</td><td colspan="2">自本日开始的施工内容：</td><td>至本日结束的施工内容：</td></tr>
<tr><td>下一步工作计划</td><td colspan="3"></td></tr>
<tr><td>补充说明</td><td colspan="3"></td></tr>
<tr><td>现场实施</td><td>日期：</td><td>项目负责人</td><td>日期：</td></tr>
</table>

学习活动三　Linux 服务器视频播放及媒体服务

1. 请查阅相关资料，列出在 Linux 系统中常用的 VOD 软件有哪些，写出 3 个以上 VOD 软件的优点并进行下载安装。

序号	VOD 软件名称	优点	参考网址及下载地址
1			
2			
3			
4			

2. 对上述软件进行安装测试，并将对应的功能与之前确定的建设目标相对比，选择最为符合需要的软件，填写施工日志。

提示：以 Huiry VOD Services Evaluation Edition Linux Version 5. 5 为例，安装过程如下：

①先启动 Linux 的 FTP 服务，然后把 Linux VOD 的安装包上传到 Linux 系统中。

命令是：# /etc/rc. d/init. d/vsftpd start

Starting vsftpd for vsftpd：[OK]

②然后开始正式安装，先用 root 用户登录的 Linux 系统用 tar 命令进行安装。

命令是：# tar xvzPf Huiryvod – v5. 5. 0. tar. gz

这是 tar 正在对安装包进行解压，稍后解压全部完成，解压目录在 opt/huiry/vod

③根据安装说明书所写，解压之后要进行 VOD 系统初始化，继续执行。

命令是：# /opt/huiry/vod/application/init. sh

安装说明上写的 LinuxVOD 安装步骤很简单，三个命令即可完成。

④启动 LinuxVOD 的服务程序。

命令是：# /opt/huiry/vod/application/bmods. sh startall

⑤测试：通过电脑的 Windows XP 输入 Linux 机器的 IP 地址：http：//

192.169.0.199，打开 VOD 视频点播系统的页面。

⑥后台管理的方法。

在 IE 中输入：http：//192.169.0.199：60081，即可进入后台管理页面，用户名是 Administrator，密码是 password。

施　工　日　志

日期：________年____月____日　　　　天气：________

星期：________　　　　气温：________

<table>
<tr><td colspan="2">项目名称</td><td colspan="3"></td></tr>
<tr><td colspan="2">施工人员</td><td colspan="3"></td></tr>
<tr><td>工作内容及完成情况</td><td colspan="4">一、施工情况（施工地点）：
学校　　　室　　　号机柜
二、完成情况（分点填写及完成情况截图）：
三、存在问题及解决办法：</td></tr>
<tr><td>形象进度</td><td colspan="2">自本日开始的施工内容：</td><td colspan="2">至本日结束的施工内容：</td></tr>
<tr><td>下一步工作计划</td><td colspan="4"></td></tr>
<tr><td>补充说明</td><td colspan="4"></td></tr>
<tr><td colspan="2">现场实施</td><td>日期：</td><td>项目负责人</td><td>日期：</td></tr>
</table>

学习活动四　KTV 点单系统的组建

娱乐 KTV 点单系统应用是专门针对高端 KTV 经营场所、酒吧而独立设计的智能移动点单客户端软件，场所各级人员通过 iPad 或移动客户端，即可实现便捷的开房、点单、例送、预览查询等功能，经营管理者亦能高屋建瓴，便捷高效地进行各种管理活动。该系统能帮助 KTV 场所实现移动管理，简化业务管理流程，大幅提升运营管理效率。

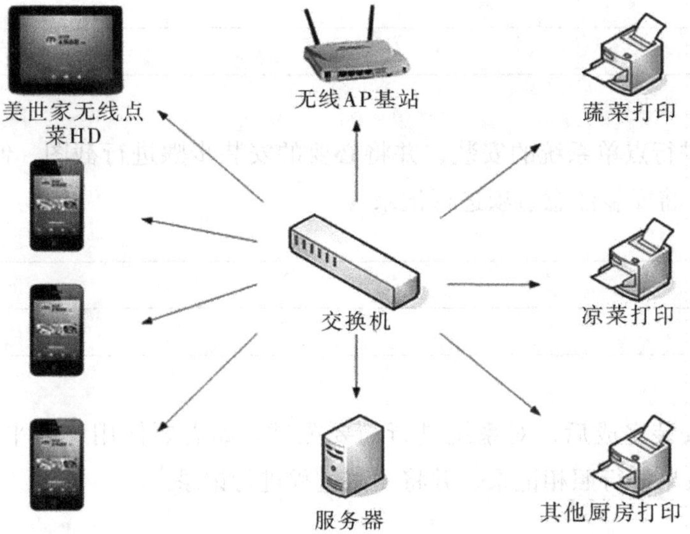

1. 学习 KTV 点单系统中的以下内容，可在互联网或教师提供的点单系统说明文档中进行搜索学习。

学习内容	知识摘录（对应功能的要点）	学习情况
服务器系统需求		
菜单及内容分类		
点单系统简要安装步骤		
点单系统注意事项		

2. 根据下列任务要求进行服务器基本设置，并填写施工日志。

（1）对服务器进行必要组建的安装，并将安装内容进行简要摘录。

注意：不同的点单系统对应的要求不同，如部分需要使用 SQL 数据库，而部分则只需要 Access 数据库。

（2）进行点单系统的安装，并将必要的安装步骤进行截图，制作成安装说明文档，将安装注意事项进行记录。

（3）安装完成后，对系统进行简要测试。如需要使用移动平台作测试，请将测试效果进行照相记录，并将测试过程进行记录。

施　工　日　志

日期：________年____月____日　　　　　　　　天气：________

星期：________　　　　　　　　　　　　　　　气温：________

<table>
<tr><td>项目名称</td><td colspan="4"></td></tr>
<tr><td>施工人员</td><td colspan="4"></td></tr>
<tr><td>工作内容及完成情况</td><td colspan="4">一、施工情况（施工地点）：
学校　　　　室　　　　号机柜
二、完成情况（分点填写及完成情况截图）：
三、存在问题及解决办法：</td></tr>
<tr><td>形象进度</td><td colspan="2">自本日开始的施工内容：</td><td colspan="2">至本日结束的施工内容：</td></tr>
<tr><td>下一步工作计划</td><td colspan="4"></td></tr>
<tr><td>补充说明</td><td colspan="4"></td></tr>
<tr><td>现场实施</td><td>日期：</td><td colspan="2">项目负责人</td><td>日期：</td></tr>
</table>

学习活动五　测试与验收

1. 对 KTV 系统进行测试，通过任务提示进行测试，并填写施工记录及测试运行记录。

（1）使用一台 Windows XP 和一台 Windows 7 系统的计算机进行登录 VOD 及点单系统，将登录界面进行截图。

（2）使用一台 Windows XP 和一台 Windows 7 系统尝试进行点歌，将运行情况作记录并进行截图。

（3）使用一台 Windows XP 和一台 Windows 7 系统尝试进行点单，将运行情况作记录并进行截图。

施 工 日 志

日期：________年____月____日　　　　　　　　　　天气：________

星期：________　　　　　　　　　　　　　　　　　气温：________

<table>
<tr><td colspan="2">项目名称</td><td colspan="3"></td></tr>
<tr><td colspan="2">施工人员</td><td colspan="3"></td></tr>
<tr><td>工作内容及完成情况</td><td colspan="4">一、施工情况（施工地点）：
学校　　　　　室　　　　　号机柜
二、完成情况（分点填写及完成情况截图）：

三、存在问题及解决办法：</td></tr>
<tr><td>形象进度</td><td colspan="2">自本日开始的施工内容：</td><td colspan="2">至本日结束的施工内容：</td></tr>
<tr><td>下一步工作计划</td><td colspan="4"></td></tr>
<tr><td>补充说明</td><td colspan="4"></td></tr>
<tr><td colspan="2">现场实施</td><td>日期：</td><td>项目负责人</td><td>日期：</td></tr>
</table>

________服务器测试报告

测试目的	上电后，检测设备自检状态；各服务器运行状态。		
场地	家庭服务器		
设备名			
步骤	1. 加电前，根据安装步骤检查各部件是否符合加电要求 2. 将开关置于 OFF，连接电缆 3. 开关置于 ON 4. VOD 服务器（Windows、Linux）测试服务运行情况，运行、点歌测试 5. 点单服务器测试服务运行情况，运行、点单测试		
标准	指示灯显示正常 各模块指示灯正常 风扇运转正常 电源板开关正常 系统正常启动 服务器各服务启动正常 VOD 服务器测试服务运行正常 点单服务器测试服务运行正常		
结果：(pass/fail)	指示灯显示正常 (pass/fail) 各模块指示灯正常 (pass/fail) 风扇运转正常 (pass/fail) 电源板开关正常 (pass/fail) 系统正常启动 (pass/fail) 服务器各服务启动正常 (pass/fail) VOD 服务器测试服务运行正常 (pass/fail) 点单服务器测试服务运行正常 (pass/fail)		
时间			
项目经理：	日期：	用户代表：	日期：

第二部分　总结与反思

工作过程经验记录与总结

1. 笔记：
2. 任务实施情况，请自我评价_________ A. 非常好（91 ~ 100 分）　B. 比较好（81 ~ 90 分）　C. 一般（66 ~ 80 分） D. 不太好（51 ~ 65 分）　E. 基本完成不了（50 分或以下）
3. 总结： 在这次的任务学习中，你遇到什么困难？在哪些方面需要进一步改进？ 签名：　　　　完成日期：

学习情境五

网络公司服务器组建

情境描述◎

轻工科技公司现需要组建一个公司内部网络，本工程小组主要负责服务器搭建部分的施工。

公司内部建立域控制器，并规定所有办公电脑都必须加入域，接受域控制器的管理，同时严格控制用户的权限。集团的员工账号只有标准User权限，不允许信息系统管理员泄露域管理员密码和本地管理员密码。在当前各种流氓插件、广告插件、木马和病毒霸道横行的网络环境中，普通员工只拥有标准的Power User权限，实际上是对公环境有效的保护。

办公PC必须严格遵守OU命名规则，同时实现实名负责制。指定员工对该PC负责，这不但是固定资产管理的要求，也是网络安全管理的要求。对PC实施员工实名负责是至关重要的，一旦发现该员工电脑中毒和在传播病毒包，信息系统管理员就能准确定位，迅速作出反应，避免扩大影响。

启用组策略。不同部门可以设置不同安全策略，以满足不同部门的办公需求，通用策略可以设置在根域上，特殊权限在不同部门分别作出相应策略。

在使用TCP/IP协议的网络上，公司每一台计算机都拥有唯一的IP地址，使用IP地址来鉴别它所在的子网。如采用静态IP地址的分配方法，当计算机从一个子网到另一个子网的时候，必须改变该计算机的IP地址，这将增加网络管理员的负担。由于公司员工有200名，手动操作较麻烦，而且工作量大，为了更加有效地对IP地址进行使用和合理地管理网络，于是给公司配置DHCP服务器（Windows服务器），让公司的员工都能自动获得IP地址。设置DHCP服务器IP地址为192.168.1.2，为员工分配192.168.1.0/24网段的IP地址，设置分配给员工的IP地址池为192.168 1.30~192.168.1.150，子网掩码为255.255.255.0，为员工分配的网关为192.168.1.254。

每个员工都有一个私有IP，不能直接访问Internet，公司也不能给每个员工提供一个公网IP，通过Linux搭建Squid服务器。Squid能代替若干没有公有IP地址的计算机与Internet的其他计算机通信，让员工利用租借的公网IP地址通过Squid服务器访问Internet。设置Squid服务器的IP为地址192.168.1.3，使用8080作为代理端口。

公司的技术部的员工用的是Linux操作系统，而其他部门的员工均用的是Windows操作系统，Linux主机之间可以使用NFS进行资源共享。有的时候需要技术部和其他部门共同合作完成项目，为了实现Linux和Windows系统之间的资源共享，此时就要搭建Samba服务器，它能实现不同操作系统之间的文件和打印共享。设置Samba服务器IP地址为192.198.1.4，所属的工作组为WORKGROUP，并限制该Samba服务器只允许192.198.1.0网段的客户访问。

销售部的员工要经常出差，员工在外地有时需要查看公司的最新产品价格，为了使在外的员工可以从Internet访问公司内部资料而搭建的VPN服务器（Windows服务器），可以帮助远程用户、公司分支机构、商业伙伴及供应商同公司的内部网建立可靠的安全连接，并保证数据安全传输。设置VPN服务器的IP地址为192.168.1.5，VPN服务器有eth0和eth1两个网络接口：其中eth0用于连接内网，lP地址为192.168.1.5；eth1用于连接外网，IP地址为100.100.100.1。VPN客户端通过Internet网络与VPN服务器连接后，可访问局域网内部的服务器。分配给VPN客户端的IP地址池为192.168.1.50~192.168.1.150，客户端可以以用户名nc、密码123456和VPN服务器建立连接。

为了公司以后的发展，让广大客户可以更详细地了解公司的产品，公司建立了自己的网站，并要求网络管理员不断地对网站的内容进行更新维护，保证网站的安全运行。公司组建了Web服务器（Linux服务器），Web服务能实现信息发布，还能推广网站，让客户来访问。设置Web服务器的IP地址为

192. 168. 1. 6，公司能推广自己的网站并发布信息。

公司已经拥有自己的网站，员工希望通过域名来进行访问，同时员工也需要访问 Internet 上的网站。该公司已经申请了域名 qgkeji. com，公司需要 Internet 上的用户通过域名访问公司的网页，因此要搭建 DNS 服务器（Linux 服务器），完成内部主机及 Internet 的解析。设置 DNS 的 IP 地址为 100. 100. 100. 2，为局域网中的计算机提供域名解析服务。DNS 服务器 dns. qgkeji. com 同时还必须为客户提供 Internet 上的主机域名解析。要求分别能解析以下域名（如下表所示）：

DNS 服务器	dns. qgkeji. com	100. 100. 100. 2
Sendmail 服务器	Mail. qgkeji. com	100. 100. 100. 4
Web 服务器	www. qgkeji. com	192. 168. 1. 6
FTP 服务器	ftp. qgkeji. com	192. 168. 1. 7
销售部	xs. qgkeji. com	192. 168. 1. 50
财务部	cw. qgkeji. com	192. 168. 1. 60
经理部	Jl. qgkeji. com	192. 168. 1. 70

公司有很多的文件和资料供员工使用，还要对总经理和各个部门经理的个人文档进行管理，需要建立 FTP 服务器（Linux 服务器），使公司的员工都能匿名登录 FTP，进行公共文件的上传和下载。公司经理可以利用自己账户登录 FTP 服务器，进行文档管理设置。FTP 服务器的 IP 地址为 192. 168. 1. 8，公司要求每个员工都可以以匿名访问 FTP 服务器，进行公共文件的下载。

第一部分　计划与实施

学习活动一　客户需求分析

1. 小组进行讨论，确定并列出网络公司服务器组件的需求。

序号	客户要求实现内容	选用的系统	实现方法

2. 根据小组列出的要求，进行服务器硬件的选型（多台服务器统一参数）。

服务器硬件参数表			
处理器			
CPU 品牌		CPU 型号	
CPU 主频		二级缓存	
核心代号		核心数	
制程工艺		总线速度	
主板、内存			
扩展插槽		USB 接口	
内存容量		内存类型	

（续上表）

服务器硬件参数表			
存储设备			
硬盘容量		硬盘类型	
硬盘速度		光驱类型	
视频、音频			
显卡类型		显示芯片	
显存容量		显示器	
声卡			
网络			
以太网卡		速率	
接口数量			
参考价格			

3. 对服务器进行操作系统的安装，要求使用两台服务器分别进行 Windows 和 Linux 服务器操作系统的安装。系统安装过程中，小组讨论把需要进行基本设置的内容写入下表，并对系统进行基本配置。

操作系统名称	操作系统的基本配置内容	
Windows Server	1	
	2	
	3	
	4	
	5	
	6	
	7	
	8	

（续上表）

操作系统名称	操作系统的基本配置内容	
Linux	1	
	2	
	3	
	4	
	5	
	6	
	7	
	8	

4. 各小组请根据上述内容进行配置的施工，并填写施工日志。

施 工 日 志

日期：________年____月____日　　　　　　　　　　天气：________

星期：________　　　　　　　　　　　　　　　　　气温：________

<table>
<tr><td colspan="2">项目名称</td><td colspan="4"></td></tr>
<tr><td colspan="2">施工人员</td><td colspan="4"></td></tr>
<tr><td colspan="2">工作内容及完成情况</td><td colspan="4">一、施工情况（施工地点）：
学校　　　　室　　　　号机柜
二、完成情况（分点填写及完成情况截图）：
三、存在问题及解决办法：</td></tr>
<tr><td colspan="2">形象进度</td><td colspan="2">自本日开始的施工内容：</td><td colspan="2">至本日结束的施工内容：</td></tr>
<tr><td colspan="2">下一步工作计划</td><td colspan="4"></td></tr>
<tr><td colspan="2">补充说明</td><td colspan="4"></td></tr>
<tr><td colspan="2">现场实施</td><td>日期：</td><td colspan="2">项目负责人</td><td>日期：</td></tr>
</table>

学习活动二 Windows 域的安装及管理

1. 安装 Active Directory 域服务。

（1）请简要介绍 Active Directory 域服务的作用。

（2）在安装 Active Directory 域服务时，应在“选择服务器角色”对话框中选中____________________复选框。

（3）请简要介绍域服务的安装注意事项。

（4）用户也可以通过在“运行”中输入____________命令进行 Active Directory 域服务的安装。

（5）请列出在域服务器安装过程中所遇到的问题及对应的解决方法。

(6) 根据用户的需求，完成 Active Directory 域服务安装后，请在“系统属性”中寻找已安装域服务的证明，并进行截图。

2. 创建组织单位。

(1) 请写出创建组织单位的步骤。

(2) 根据客户需求，将需要创建的组织单位及用户名称进行记录。

部门名称	组织单位名	用户名

3. 组策略的规划与实施。

需要限制用户使用哪些软件，用户能够访问哪些资源，可通过组策略实施。组策略有以下几个比较重要的应用可供规划参考：

(1) 软件分发，分发 MSI 格式软件，非 MSI 格式可通过工具转换；

(2) 软件限制（非办公软件可以使用软件策略进行限制）；

（3）文件夹重定向，可以把用户资料保存到安全位置；

（4）管理设置，主要设置一些 Windows 组件相关内容，比如开始菜单显示的内容；

（5）IE 相关设置（信任站点、控件下载、文件下载等）；

（6）安全设置（账户策略、系统服务、注册表、文件系统）；

（7）实现一些脚本的功能（比如分发一些脚本进行 MAC 地址绑定进行 ARP 免疫）。

4. 根据上述参考，对组策略进行简要规划，列出需要进行配置的内容。

组织单位	策略内容	策略效果

5. 各小组请根据上述内容进行配置的施工，并填写施工日志。

6. Windows 7/Linux 加入域。

（1）请写出 Windows 7/Linux 加入域的过程，并进行相应的截图。

（2）如加入域操作过程失败，应如何解决问题？

（3）各小组请根据上述内容进行的施工，并填写施工日志。

施　工　日　志

日期：________年___月___日　　　　　　　　天气：________

星期：________　　　　　　　　　　　　　　气温：________

项目名称		
施工人员		
工作内容及完成情况	一、施工情况（施工地点）： 学校　　　室　　　号机柜 二、完成情况（分点填写及完成情况截图）： 三、存在问题及解决办法：	
形象进度	自本日开始的施工内容：	至本日结束的施工内容：
下一步工作计划		
补充说明		

现场实施	日期：	项目负责人	日期：

学习活动三　DNS 服务器

1. “正向查找区域”的功能是什么？

2. “正向查找区域”的创建步骤有哪几个？

3. 请写出名称服务器（NS）、起始授权机构（SOA）和主机（A）记录分别是什么？并写出其作用。

（1）名称服务器（NS）：

（2）起始授权机构（SOA）：

（3）主机（A）记录：

4. 请写出下述“动态更新方式”的作用。

（1）只允许安全的动态更新（适合 Active Directory 使用）：

（2）允许非安全和安全动态更新：

（3）不允许动态更新：

5. 根据客户要求，添加 DNS 区域，分别指定不同的域名称，提供相应解析。将实施过程进行录屏，并将施工内容填写入施工日志。

施　工　日　志

日期：________年____月____日　　　　　　　　天气：________

星期：________　　　　　　　　　　　　　　　气温：________

<table>
<tr><td colspan="2">项目名称</td><td colspan="4"></td></tr>
<tr><td colspan="2">施工人员</td><td colspan="4"></td></tr>
<tr><td colspan="2">工作内容及完成情况</td><td colspan="4">一、施工情况（施工地点）：
学校　　　　室　　　　号机柜
二、完成情况（分点填写及完成情况截图）：

三、存在问题及解决办法：</td></tr>
<tr><td colspan="2">形象进度</td><td colspan="2">自本日开始的施工内容：</td><td colspan="2">至本日结束的施工内容：</td></tr>
<tr><td colspan="2">下一步工作计划</td><td colspan="4"></td></tr>
<tr><td colspan="2">补充说明</td><td colspan="4"></td></tr>
<tr><td>现场实施</td><td colspan="2">日期：</td><td colspan="2">项目负责人</td><td>日期：</td></tr>
</table>

学习活动四　VPN 服务的组建

VPN（Virtual Private Network）即虚拟专用网络，就是两个具有 VPN 发起连接能力的设备（计算机或防火墙），通过 Internet 形成的一条安全的隧道。在隧道的发起端（即服务端），用户的私有数据通过封装和加密之后在 Internet 上传输，到了隧道的接收端（即客户端），接收到的数据经过拆封和解密之后安全地到达用户端。

1. 根据下列任务要求进行服务器设置，并填写施工日志。

（1）在进行 VPN 服务搭建前，请列出应进行哪些基本的配置及服务器的安装。通过互联网及相关资料查阅 VPN 搭建前的注意事项，并进行简要摘录。

____

____

____

____

____

____

（2）基本配置完成后，根据客户要求进行 VPN 的配置。将施工过程写入施工日志，如在施工过程中遇到问题，请将问题进行摘录，并通过查阅相关资料进行问题的解决，将解决问题的方法整理归纳下来。

问题	解决办法	查阅资料出处

（3）完成施工后，检查 Internet 接入方式是否为宽带路由接入，即 DHCP 方式，测试采用静态 IP 与采用 DHCP 动态 IP 的网络速度是否存在着区别，将测试结果进行记录，讨论并确定应使用哪种方式进行接入。

施 工 日 志

日期：________年____月____日　　　　　　　　　　　天气：________

星期：________　　　　　　　　　　　　　　　　　　气温：________

项目名称				
施工人员				
工作内容及完成情况	一、施工情况（施工地点）： 学校　　　　室　　　　号机柜 二、完成情况（分点填写及完成情况截图）： 三、存在问题及解决办法：			
形象进度	自本日开始的施工内容：		至本日结束的施工内容：	
下一步工作计划				
补充说明				
现场实施	日期：	项目负责人	日期：	

学习活动五　Samba 服务的组建与使用

公司技术部的员工用的是 Linux 操作系统，而其他部门的员工均用的是 Windows 操作系统，Linux 主机之间可以使用 NFS 进行资源共享。有的时候需要技术部和其他部门共同合作完成项目，为了实现 Linux 和 Windows 系统之间的资源共享，此时就要搭建 Samba 服务器，它能实现不同操作系统之间的文件和打印共享。设置 Samba 服务器 IP 地址为 192. 198. 1. 4，所属的工作组为 WORKGROUP，并限制该 Samba 服务器只允许 192. 198. 1. 0 网段的客户访问。

根据上述要求，由小组进行讨论并制定工作计划。根据工作计划有序地进行，将施工过程进行记录。

Samba 服务器工作计划	
工作内容及人员分工	时间段
	例：年　月　日—年　月　日

施 工 日 志

日期：________年____月____日　　　　　　　　　　天气：________

星期：________　　　　　　　　　　　　　　　　　气温：________

<table>
<tr><td colspan="2">项目名称</td><td colspan="4"></td></tr>
<tr><td colspan="2">施工人员</td><td colspan="4"></td></tr>
<tr><td colspan="2">工作内容及完成情况</td><td colspan="4">一、施工情况（施工地点）：
学校　　　　室　　　　号机柜
二、完成情况（分点填写及完成情况截图）：

三、存在问题及解决办法：</td></tr>
<tr><td colspan="2">形象进度</td><td colspan="2">自本日开始的施工内容：</td><td colspan="2">至本日结束的施工内容：</td></tr>
<tr><td colspan="2">下一步工作计划</td><td colspan="4"></td></tr>
<tr><td colspan="2">补充说明</td><td colspan="4"></td></tr>
<tr><td colspan="2">现场实施</td><td>日期：</td><td>项目负责人</td><td colspan="2">日期：</td></tr>
</table>

学习活动六　测试与验收

1. 对网络公司服务器系统进行测试，测试时小组成员可根据本情境的学习活动一中归纳的客户需求进行测试点的归纳，并填写测试报告的内容。

________服务器测试报告（Linux）

测试目的			
场地			
设备名			
步骤			
标准			
结果：（pass/fail）			
时间			
项目经理：	日期：	用户代表：	日期：

____________服务器测试报告（Windows）

测试目的			
场地			
设备名			
步骤			
标准			
结果（pass/fail）			
时间			
项目经理：	日期：	用户代表：	日期：

2. 根据上述列出的测试内容，对服务器进行测试，请将测试的结果进行截图保存，并填写测试施工日志。

施 工 日 志

日期：________年____月____日　　　　　　　　天气：________

星期：________　　　　　　　　　　　　　　　气温：________

<table>
<tr><td colspan="2">项目名称</td><td colspan="4"></td></tr>
<tr><td colspan="2">施工人员</td><td colspan="4"></td></tr>
<tr><td>工作内容及完成情况</td><td colspan="5">一、施工情况（施工地点）：
学校　　　　室　　　　号机柜
二、完成情况（分点填写及完成情况截图）：

三、存在问题及解决办法：</td></tr>
<tr><td>形象进度</td><td colspan="2">自本日开始的施工内容：</td><td colspan="3">至本日结束的施工内容：</td></tr>
<tr><td>下一步工作计划</td><td colspan="5"></td></tr>
<tr><td>补充说明</td><td colspan="5"></td></tr>
<tr><td colspan="2">现场实施</td><td>日期：</td><td colspan="2">项目负责人</td><td>日期：</td></tr>
</table>

第二部分　总结与反思

工作过程经验记录与总结

1. 笔记：
2. 任务实施情况，请自我评价________ A. 非常好（91～100分）　B. 比较好（81～90分）　C. 一般（66～80分） D. 不太好（51～65分）　E. 基本完成不了（50分或以下）
3. 总结： 在这次的任务学习中，你遇到什么困难？在哪些方面需要进一步改进？ 签名：　　　　完成日期：

